微分積分
最高の教科書

本質を理解すれば計算もスラスラできる

横浜国立大学教授
今野紀雄

SB Creative

著者プロフィール

今野紀雄（こんの のりお）

1957年、東京生まれ。1982年、東京大学理学部数学科卒。1987年、東京工業大学大学院理工学研究科博士課程単位取得退学。室蘭工業大学数理科学共通講座助教授、コーネル大学数理科学研究所客員研究員を経て、現在、横浜国立大学大学院工学研究院教授。おもな著書は『統計学 最高の教科書』、『数はふしぎ』、『ざっくりわかるトポロジー』（共著）、『マンガでわかる複雑ネットワーク』（共著）（サイエンス・アイ新書）、『図解雑学 確率』、『図解雑学 確率モデル』（ナツメ社）など。『Newton』（ニュートンプレス）の監修なども務める。

本文デザイン・アートディレクション：クニメディア株式会社
イラスト：クニメディア株式会社、アカツキウォーカー
校正：曽根信寿
執筆協力：関根雅人
編集協力：野澤文武

はじめに

　私が小学生のころ、東京にある父の実家に帰省したとき、いちばんの楽しみがありました。それは、東京駅の近くにあるデパートに連れていってもらうことです。当時、手品用品売り場に行くと、販売員さんによる実演がありました。見破れないトリックの不思議さに魅せられて、飽きることなく見続けたことを、今でもよく覚えています。

　手品用品は、子どもにとって高価でしたが、たまに両親や祖父母にねだって、買ってもらうことがありました。喜んで家に戻ると、すぐにトリックを調べるのですが、そのタネ明かしが想像と異なり、あっけないものだったときの落胆は忘れられません。もちろん、「さすがに、これは思いつかない！」と子どもながらに感心するタネもあり、練習して家族を前に披露したこともありました。子ども時代の懐かしい思い出です。

　ところで、読者の皆さんの中には、**子どもたちがスラスラと難しい微分や積分の計算問題を解いてみせる**のを、テレビ番組などでご覧になったことがあるのではないでしょうか？　「天才だ！」ともてはやされる一方で、「何

かトリックがあるのでは？」と疑いを抱いたかもしれません。

実は、微分や積分には、理論を深く理解していなくても、**計算だけなら簡単にできる**という、「手品」のようなからくりがあるのです。

そのような子どもたちが、微分や積分の考え方をどの程度理解しているかは定かではありません。しかし、微分積分を、**その考え方からきちんと理解した上で計算ができる**のと、**考え方はわからないけれども計算はできる**のとでは、非常に大きな差があります。

本書では、まさにその違いを明確にしつつ、第1章と第2章では、「微分の考え方と計算方法」を、第3章と第4章では、「積分の考え方と計算方法」を解説します。第2章では微分を用いた具体的な問題に、第4章でも積分を使った具体的な問題に挑戦しますので、楽しみにしてください。なお本書は、1998年に出版した『図解雑学 わかる微分・積分』(ナツメ社)を、大幅に修正したものです。

最後に、本書でも、出版される過程で大変お世話になりました科学書籍編集部の石井顕一さんに、深く感謝したします。

令和元年の最初の月に　今野紀雄

CONTENTS

はじめに 3

第1章 微分って何だろう？ 9

1-1 2次元座標とは？
2つの数字の組を、点として表す 10

1-2 グラフとは？
なぜ微分積分では線グラフを使うのか 12

1-3 2つの集まりの間の関係が関数
関数とは① 14

1-4 関数記号「f」は関数の「身代わり」
関数とは② 16

1-5 数の集合を可視化する
数直線を使って範囲として表す 18

1-6 関数「y＝x」とは？
同じ数どうしが関係するいちばん簡単な関数 20

1-7 関数「y＝x²」とは？
放物線を描く左右対称の関数 22

1-8 関数の定義域と値域
関数には使える範囲がある 24

1-9 定数関数と3次関数
$y=a$、$x=b$、$y=x^3$ 26

1-10 「直線の傾き」とは？
xの増え方とyの増え方の割合 28

1-11 なぜ「傾き」が「速度」になるのか？
時間と位置の関係をグラフで考える 30

1-12 「曲線」にも「傾き」はあるのか？
曲線の傾きとは① 32

1-13 曲線の傾きの意外な落とし穴
曲線の傾きとは② 34

1-14 「接線」とは？
曲線と1カ所でしか交わらない直線のこと 36

1-15 「曲線の傾き」は「接線の傾き」
接線は傾きがわかればわかる 38

1-16 「曲線の傾き」を求めるには？
2点間の距離をどこまでも短くする 40

1-17 「無限に小さい（無限小）」という考え方
限りなく0に近づける 42

1-18 「極限計算」とは？
ある値に無限に近づけていくこと 44

1-19 極限計算の記号「lim」とは何か？
limの意味と使い方 46

1-20 1次関数の傾きを求める
$y=ax$の傾き 48

1-21 2次関数「y＝x²」の傾きを求める
なぜ傾きは「y＝2x」となるのか？ 50

―― 微分積分 最高の教科書
本質を理解すれば計算もスラスラできる

SB Creative

CONTENTS

1-22	曲線の傾きを求めるのは微分そのもの 曲線を無限に分けて各点の傾きを求める	52
Column1	野心家だったラプラス	54
第2章	**微分してみよう**	55
2-1	微分は物事を分析できる 関数を分析する基礎	56
2-2	微分係数を再確認する 曲線の傾きは、その点における接線の傾き	58
2-3	微分係数が0になる点を探す 微分を使って物事を分析するとは？	60
2-4	「自由落下」を数学で考えてみる gは重力加速度	62
2-5	時々刻々と変わるリンゴの落下速度 微分係数はその時点の瞬間的な速度	64
2-6	「速度」と「時間」の関係は？ 微分係数の微分係数	66
2-7	時間と速度の関係の微分係数は「加速度」 速度そのものも変化する	68
2-8	「位置の変化」と「速度」「加速度」の関係 微分して、また微分すると？	70
2-9	曲線を直線に見立てる まずはグラフを2等分して考える	72
2-10	まずは大ざっぱに考えてみる 多くの学問で用いられる「近似」	74
2-11	2分割を4分割にしてみる もとの曲線グラフに近づいた！	76
2-12	どんどん細かくするとどうなる？ 分割する数を限りなく大きくする	78
2-13	折れ線の数を無限に増やしたら？ 折れ線グラフの幅は無限に小さくなる	80
2-14	x方向の増分「dx」、y方向の増分「dy」 傾きが $\frac{dy}{dx}$ の折れ線グラフが無限にある	82
2-15	導関数とは何か？ 導関数を求めることは微分すること	84
2-16	微分による問題の分析とは？ 物事を数式で表し、分析する	86
2-17	関数は実際にグラフを書いて分析する 正確な分析の秘訣	88
2-18	導関数が0になる点を探す 関数の傾きを表す導関数	90
2-19	極大点(値)・極小点(値)と最大点(値)・最小点(値) 近場で見るか、全体を見るか	92
2-20	100mのロープでつくれる最大の花壇は？ 花壇にもいろいろな形があるが……	94
2-21	現実の世界の問題を数学の問題にする 「花壇の面積」は「四角形の面積」	96
2-22	縦の長さをとりあえずxと置いてみる まず1つ、仮に決めるのが大切	98

2-23	微分の公式　$(x^n)' = nx^{n-1}$
	シンプルで覚えやすい……100
2-24	「多項式」を微分するには?
	1つずつ分けて微分する……102
2-25	xで微分して面積の変化を分析する
	xが0なら面積は0、xが10なら面積は400 ……104
2-26	導関数が0になる点を計算する
	xが25のとき、導関数は0になる……106
2-27	増減表をつくる
	情報を整理する……108
2-28	グラフを書いて最大値を求める
	最大値はx=25、花壇の面積は625m² ……110
2-29	求めた結果の考察も大事
	直感の正しさを微分で裏付けた……112
2-30	微分計算の流れを俯瞰する
	「微分とは何か」を再確認……114
Column2	「微分積分の教科書」のルーツはコーシー……116

第3章　積分って何だろう?　117

3-1	ナイル川の氾濫が生んだ積分
	正確な面積や体積を知る技術……118
3-2	複雑な形をした河原の面積を求めるには?
	取り尽くし法①……120
3-3	一定の尺度がない取り尽くし法は不完全
	取り尽くし法②……122
3-4	詰め込む図形を「小さな正方形」にする
	取り尽くし法③……124
3-5	マス目を無限に細かくする
	極限の考え方が再登場……126
3-6	「正方形」を取り尽くしてみる
	単純な図形で複雑な方法を理解する……128
3-7	正方形を「線の集まり」と考える
	dxで「無限に細かく」を表す……130
3-8	無限に分けたものを集めたら?
	計算を書ききれないので「∫」が登場する ……132
3-9	積分記号「∫(インテグラル)」の意味は?
	積分は本来「足し算」である……134
3-10	積分で長方形の一部の面積を求めると?
	積分区間と積分面積の関係……136
3-11	微分と積分の関係とは?
	微分と積分は表裏の関係……138
3-12	「関数を積分する」とはどういうことか?
	関数を積分する①……140
3-13	xの位置でy方向の長さが変化する
	関数を積分する②……142
3-14	「積分結果が持つ意味」を考察する
	関数が持つ意味はいろいろ ……144

	3-15	平行四辺形の面積を積分で考える カヴァリエリの原理 ……………………………… 146
Column3		「リーマン積分」のリーマンは各方面で活躍した ……… 148

第4章 積分を計算してみよう …………………………… 149

4-1	複雑な関数の積分は難しい 簡単な関数なら積分も簡単だが……	150
4-2	「原始関数」とは何か? 微分する前の関数	152
4-3	x^nの原始関数は$\frac{1}{n+1}x^{n+1}$ 微分の公式を「逆演算」する	154
4-4	積分とは原始関数を求めること 原始関数に数値を代入して差をとる	156
4-5	定積分とは何か? 積分範囲が定まった積分	158
4-6	定数関数を定積分してみる 手を動かして計算してみることが大切	160
4-7	1次関数y=xを定積分する 直角二等辺三角形で考える	162
4-8	原始関数を求める公式は$\frac{1}{n+1}x^{n+1}$ 積分の意味も忘れずに!	164
4-9	「不定積分」とは何か? 積分区間を指定しない積分	166
4-10	積分定数「C」とは? 定数の違いは「C」でまとめる	168
4-11	微分すると情報の1つを失う 失った情報を補うのが積分定数「C」	170
4-12	なぜ定積分には積分定数「C」が不要なのか 積分定数「C」は相殺されてしまう	172
4-13	積分計算を総まとめする 定積分と不定積分の計算の違い	174
4-14	積分で酒杯の体積を計算してみる 回転体の体積は積分の「得意技」	176
4-15	酒杯の形は関数で表せる 関数で表せれば積分できる	178
4-16	積分で酒杯の体積を求める 無限に薄い「円盤」を集める	180
4-17	積分の数式を立ててみる 断面積の関数を求める	182
4-18	積分計算は1つずつできる 積分の公式にも使える分配法則	184
4-19	酒杯の体積を計算して求める まずは式を展開する	186
Column4	測度論を構築した「ルベーグ積分」のルベーグ	188

おわりに ……………………………………………………… 189
索引 …………………………………………………………… 191
参考文献 ……………………………………………………… 191

第1章

微分って何だろう？

この章では、まず、微積の基礎である**グラフ**と**関数**について学びます。その後、極限の考え方を理解し、極限の操作を用いて、関数の傾きを具体的に求めます。最後に、接線の傾きと微分との関係について触れます。

2次元座標とは？
2つの数字の組を、点として表す

　2次元座標は、数直線を2つ用意して、原点のところでちょうど90度に交差させたものです。数直線は、O(原点)などのような基準となる点からどれだけ離れているかを、目でわかるようにしたものです。

　これを使うと、2つの数字の組を点として表せます。例えば、数字の組を(○, ▲)とすると、原点から見て横に○マス、縦に▲マス進んだところに点を打ちます。

　横方向と縦方向の数直線にそれぞれ名前をつけて、x軸、y軸と呼んだり、x座標、y座標と呼んだりします。たんに横軸、縦軸と呼ぶこともあります。

　2つの点の組み合わせは何でもよく、例えば、時間と位置を組として考えれば、物体の動きが一目でわかります。

　数直線では1本の線の上に点をいくつも書かなくてはならず、見にくくなってしまいますが、2次元座標ならとても見やすくなります。

　また、2次元座標を使うと、2つの点の関係を見いだすことができます。実際に調べた結果をもとに、書いた点の集まりから、いろいろな分析ができるのです。

　2次元座標の使い道は、このほかにもいろいろあります。例えば、位置を「駅から北に○km、東に○km」というように2次元座標で表したり(ちょうど真上から見たような感じになる)、人の身長と体重を調べて、2次元座標の上に点を打っていけば、両者の関係が見えてきます。

　このように、2次元座標はいろいろと使えるのです。

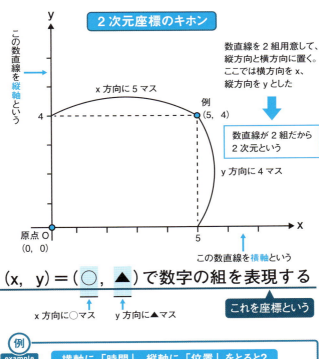

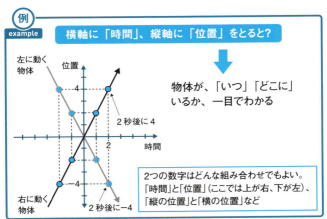

グラフとは？
なぜ微分積分では線グラフを使うのか

　グラフとは、日本語に訳すと「図」や「絵」です。つまり、数字を目で見てわかるようにするものです。

　グラフには右ページのようにいろいろな種類がありますが、微分積分で使うことが圧倒的に多いのは、**線グラフ**です。線グラフは、**点をたくさん集めて線にしたもの**と考えていいでしょう。

　例えば、一定の速度で動く物体を考えてみましょう。

　まず、「物体が1秒ごとにどこにいるのか」を把握するため、数直線の上に、いくつも点を打ちます。

　次に、2次元座標の上で、時間と位置の対応を数字の組として表します。ここでは1秒ごとに点を打って、それを線でつなぐ形で表しました。

　ここにポイントが隠されています。

　例えば、今、原点にいる物体が、1秒半後にどこにいるかを考えてみましょう。右に毎秒2マスで動いている物体ならば、原点から右に3マスの位置にいることになります。

　ここまでの話では「きっちり1秒ごとに、どこにいるか」ということしか問題にしていませんでしたが、現実には、**その間もずっと物体は少しずつ動いている**ことを忘れてはいけません。

　そこで登場するのが線グラフなのです。

　線グラフは、すべての時間を対象に、時間と位置の関係を書き表したものですから、ある時間に物体がどこにいるか知りたいときには、その時間の軸からグラフに向かって直角に線を引き、線とグラフが交わった点から、位置の軸へ垂直に線を引けば、どこにいるかがわかります。

● グラフとは、数字を目で見てわかるようにしたもの

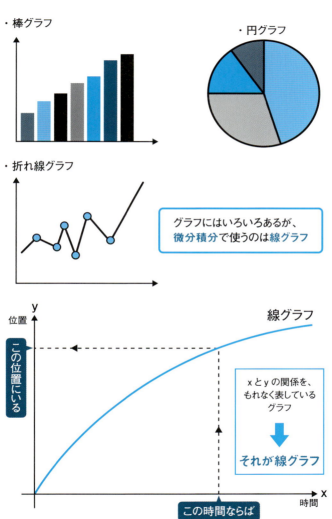

2つの集まりの間の関係が関数
関数とは①

　グラフの次に登場するのは関数です。関数と聞くとなんだか難しく感じるかもしれませんが、微分積分とは切っても切れない関係にあります。グラフをきちんと分析するには、関数が必ず必要です。

　関数は数と数との関係を表すものです。関数を理解するには、集合を理解する必要があります。

　集合とは、名前の通り「集まり」です。集合は、なにも「数の集まり」に限らないので、ここでは、実感がわくように「物の集まり」で考えてみましょう。

　例えば、スーパーマーケットなどで売られている商品の集まりを考えてみましょう。まず「豚、まぐろ、キャベツ、いちご、大福」を集めてみました。この集まり自体が集合となります。そして「豚」や「まぐろ」など、この集合に含まれる1つ1つのものを、その集合の要素といいます。

　次に、スーパーマーケットの商品を別の見方で見てみましょう。価格や人の好みなど、いろいろ見方がありますが、ここでは、その商品の種類で分類してみます。すると、先ほどの商品は、「肉、魚、野菜、果物、お菓子」と分類できます。すると今度は、物の種類の集合ができあがります。

　そして、商品と種類という2つの集合の間には、右ページのように5つの矢印で結ばれる関係があることがわかります。関数は、2つの集合の要素と要素の関係そのものを表すものなのです。そして、この矢印の束のことを、記号でf（関数という意味を持つfunctionの略）などと書いたりします。

関数のキホン

数の関わり　➡　**2つの集まりの間の関係**

きちんというと、「集合と集合の要素の関わり」

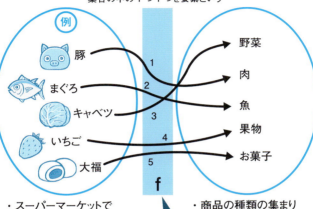

集合の中の1つ1つを要素という

・スーパーマーケットで売っている商品の集まり

・商品の種類の集まり

2つの集合(集まり)は、5本の矢印で関係づけられる

⬇

これを記号 **f** などで表す

この「関係づける」ということが、関数の考え方

⬇

「2つの集合の要素が、どのような関係にあるか」を決めるのが関数の役割

関数記号「f」は関数の「身代わり」
関数とは②

　微分積分で使う関数は、関数によって結びつけられる2つの集合を、すべて数字の集合に直したものです。集合の要素は、先ほどのように1つ1つ具体的に書けるわけではなく、多くの場合、数字の範囲などで指定します。

　さて、数字の集合を扱うことで、2つの集合の関係を式で表せることがあります。式で表される関数は、簡単な例を後の項で紹介していきますが、多くの場合、多項式といって、いくつかの記号を、足し算や引き算したもので表します。

　ところが、いちいち関数を引き合いに出すたびに複雑な数式を出したりするのは面倒なので、数式そのものの「身代わり」を考えたくなります。これが関数記号を使う最大の理由です。

　関数記号は、「f」（functionの略）で書くことが多いと前述しましたが、数式で表される関数の場合はf(x)のように、カッコ内に対象となる記号を書きます。こうして、y = f(x)と書くと、「xとyは関数fで結ばれる」という意味になります。

　ここで関数fは、数どうしの関係を表していますが、例えば「f(1)」と書くと、右ページのように、xを1に置き換えて計算した値が、1に対応するyの値となります。これは、xがaのような記号でもいいし、(a + b)のような多項式でもかまいません。

　関数を示すxの多項式には、「xの何乗」といった式がたくさん入っていますが、この「何乗」のうち、その関数の中でいちばん大きいものを次数といいます。次数がAの場合、その関数をA次関数と呼びます。ここでは0次（定数関数）から3次関数までを紹介しておきましょう。

● 関数記号 f は「関数そのもの」を表す

> カッコ内は対象となる変数
>
> **f(x)＝x² の場合、f( )は( )² を意味する**
>
> x に適当な数字を入れると（x に代入すると）、
>
> f(1)＝1²＝1
> f(−2)＝(−2)²＝4　　f は x² という「x の関数そのもの」
> 　　　　　　　　　　　を表す。

複雑な関数のときに使うと便利

> y＝x³＋3x²＋1　⟷　いちいち書くのが面倒
>
>
>
> **f(x)＝x³＋3x²＋1 と「定義」する**
> y＝f(x)と書いたらy＝x³＋3x²＋1のことだと決める
>
>
>
> f(2)なら→x³＋3x²＋1のxのところに「2」を代入
>
>
>
> **f(2)＝2³＋3×2²＋1＝8＋12＋1＝21**
> 適当な記号（aなどx以外のもの）を代入してもよい
> 　　　　f(a)＝a³＋3a²＋1など

数の集合を可視化する
数直線を使って範囲として表す

　関数がわかりにくいのは、数限りなくある数字が、集合として具体的な形で見えにくいからです。そこで、数の集合をわかりやすくするために、数直線を使って集合の範囲を考えてみましょう。

　その前に、「数にはいろいろな種類がある」ことを押さえておきましょう。基本となるのは自然数です。これは1つ、2つ、3つと数えられるものだと考えてかまいません。そのほかにも、右ページのように整数や有理数があり、円周率π（第3章参照）のように、分数では表しきれない無理数があります。これらをまとめて実数といいます。実数も数の集まりですから集合といえます。集合の中のさらに小さい集合のことを部分集合といいます。自然数の集合のように、右ページで書いた集合は、すべて実数の中に含まれる部分集合なのです。

　微分積分では実数すべてを扱います。そのため、前述したスーパーマーケットの商品のように、集合の要素をすべて書くわけにはいきません。そこで、例えば「xは0より大きくて、1より小さいもの」というように、範囲で表すことになります。

　これを数直線で表すには、0と1の間を右ページのように斜線で表すなどして、目で見てわかるように書き表すことになります。

　また、範囲の両端の点の扱いに注意が必要です。両端の点を、数の範囲に含める場合と含めない場合があるからです。普通は、その端の点を含める場合は黒丸で、含めない場合は白丸で表します。こうして、点の集合を表すには、点の集まりを範囲として表します。そして、数直線の上にその範囲の図を書くことで、目で見てわかるようになるのです。

● 数にはいろいろな種類がある

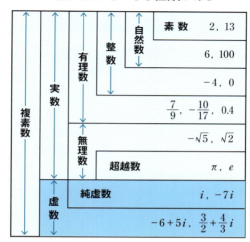

 微分積分は実数すべてを扱う

いちいちすべての要素を1つ1つ書き出せない。
そこで、数の集合を表すのに数直線を使う

例えば、0より大きくて1より小さいxは、0<x<1などと書く

{0.001, 0.002, …, 0.1, …} 書ききれない

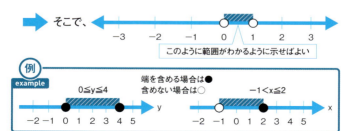

関数「y = x」とは?
同じ数どうしが関係するいちばん簡単な関数

さて、ここからは具体的な関数について見ていきましょう。

まず最初に、y = x という、数式で書けるいちばん簡単な関数を見てみます。前述した通り、この関数の式には「xそのもの」、つまり「xの1乗」の項しかありません。ですから、y＝xという関数は1次関数に分類されます。1次関数の仲間としては、y = x + 2、y = 2x、y = 2x + 3のようなものが挙げられます。

y = x と書きましたが、前に説明した関数の記号を使うと、f(x) = x という形で書けます。

右ページ上図のように、まずxの集合とyの集合を考えます。本当はどちらの要素もすべては書ききれないのですが、代表して、1から8までの整数を書いてみましょう。

関数は、数どうしの関係を表すものでした。ということは、yのそれぞれの要素とxのそれぞれの要素は、結局、同じ数どうしが関係することになります。

これが、y = x という式の意味なのです。

ここで、このy = x のグラフを書いてみましょう。

xとyが同じ点の集まりは、右ページ下図のような直線となります。こうしてみると、どんなxをとっても、そのときのyの値が一目でわかります。つまり、グラフというのはxとyの関係を図で書き表したものなのです。

このようにグラフで書くと、xとyの関係が明確になります。x軸上の点が、y軸の上にどのように移されるかを示しています。右ページ下図では、xが1のときと1.5のときについて、矢印で示してみました。

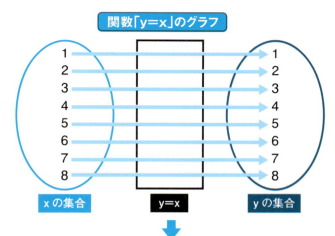

この場合、xはそのまま、yの同じ数に**対応する**ということ

xはなにも整数だけではない。 そこで、

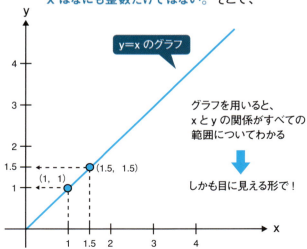

グラフを用いると、xとyの関係がすべての範囲についてわかる

しかも目に見える形で！

関数「$y = x^2$」とは?
放物線を描く左右対称の関数

次に、2次関数と呼ばれる、$y = x^2$について見てみましょう。この関数はグラフの形が、物が投げられたときに描く軌跡の形に似ているので(正確には相似しているという)、放物線と呼ばれています。

yとxは、xを2乗(同じ数を2つ掛け合わせること)したものとyが対応しているという関係です。おもしろいことに、「2」と「−2」のように、xが同じ大きさの正と負の数では、同じyの値をとります。

関数の記号を使って書くと、$f(x) = x^2$となります。

この関数があてはまる例としては、「正方形の1辺の長さと、正方形の面積の関係」が挙げられます。1辺が1の正方形の面積は1(1×1)です。1辺が2の正方形の面積は4(2×2)です。

この関数をグラフで表すと、0の近くでは少しずつ増えていたのが、xが大きくなるにしたがって、どんどんカーブの上昇が急になっていきます(右ページ参照)。また、もう1つの特徴として、左右のグラフがy軸を挟んで対称になっています。

ところで、微分積分の問題を考えるときに、その場でグラフを書かなくてはいけないことがあります。先ほどの$y = x$のような直線のグラフであれば、割と正確に書けるかもしれませんが、放物線となると、答案用紙やメモ用紙に正確にグラフを書くのは困難です。

しかし、数学的な性質さえわかっていれば、さほど神経質にならなくてもいいのです。大ざっぱに書いてかまいません。こういう風に大ざっぱに書いたグラフを、グラフの概形といいます。

関数「$y=x^2$」のグラフ

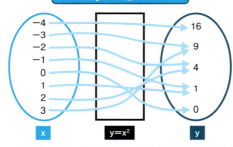

xを自分同士で掛け合わせたものが yに対応する

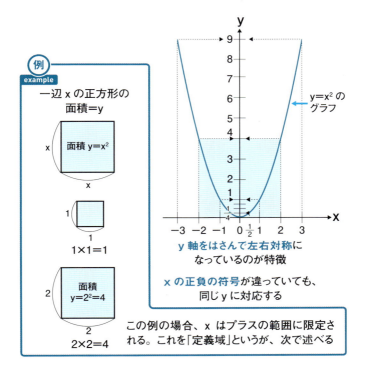

y軸をはさんで左右対称になっているのが特徴

xの正負の符号が違っていても、同じyに対応する

この例の場合、xはプラスの範囲に限定される。これを「定義域」というが、次で述べる

関数の定義域と値域
関数には使える範囲がある

　前項で、2次関数の$y = x^2$は、**yの値が0以上の範囲しかない**ことがわかりました。関数は「数字の集まり」どうしの関係を決めるものですが、数字の範囲に制限がかかることがあります。

　また、関数の条件によって、**xの値に範囲が決められている場合**もあります。これは、問題の中の条件として出る場合と、関数そのものの都合(このような関数は後述)で範囲が制限される場合とがあります。それにともない、関数の値の範囲も制限されることがあります。

　関数が使えるこの範囲を**定義域**(これはxの範囲)、関数の値として出てくる範囲を**値域**(ここではyの範囲)と呼びます。数学の世界では、関数を考えることを「関数を定義する」といったりしますから、関数が使える範囲を**定義**域といい、関数から出てくる値の範囲を**値域**というのです。

　ここまでに出てきた2つの関数($y = x$と$y = x^2$)は、xに制限がない——つまり何でもよかったので、$y = x$、$y = x^2$の両方とも、定義域は**実数全体**となります。実数全体ということは、すなわち「実数なら何でもいい」ということです。

　しかし、ここで問題となってくるのが値域です。$y = x$は、式を見てわかる通り、yがxそのものですから、値域は実数全体となります。ところが、$y = x^2$の場合、yがとる値は0以上の数のみです。この場合、値域は0以上の数、すなわち$y \geq 0$となります。このケースは、関数の性質によって値域が制限された場合ですが、問題によっては定義域も制約を受ける場合があります(**右ページ下図**)。

xとyにかかる制限

関数　「数字の集まり」どうしの関係

しかし、xとそれに対応するyの間には、範囲に制限がかかることがある

⬇

xがとれる範囲を定義域といい、そのxに応じて、yがとる範囲を値域という

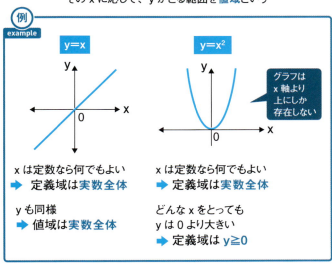

定義域が制限される場合

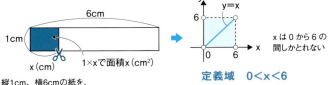

縦1cm、横6cmの紙を、左からx(cm)で切ったときの斜線部の面積

定義域　0<x<6
値域　　0<y<6

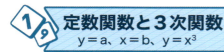

1/9 定数関数と3次関数
$y = a$、$x = b$、$y = x^3$

ここまで1次関数と2次関数を見てきましたが、ここでは定数関数と3次関数を見ていきましょう。

定数関数とは、その名の通り、定数、つまり、xに関係なくyが一定の値をとる関数です。多くの場合、x以外の記号で「$y = a$」などと書きます。$y = a$の形の定数関数は、x軸と平行な直線になります。

逆にy軸と平行な定数関数もあり、「$x = b$」などと書きます。なお、ここでa、bとしているのは、2つが必ずしも同じ値をとるわけではないので区別するためです。

これらの関数の定義域と値域は少し変わっていて、$y = a$の場合、定義域は実数全体ですが、値域はaの1点のみです。1点のみでも「集合」といえるので、1点のみの値域や定義域があってもおかしくないのです。逆に$x = b$の場合、定義域はbの1点のみで、値域が実数全体となります。

3次関数の代表は$y = x^3$です。$y = x^3$はxを3乗（同じものを3回掛け合わせる）した値を、yと対応させる関数です。グラフの概形は右ページのようになります。この図からもわかる通り、定義域・値域とも実数全体をとります。

$y = x^3$のグラフの特徴は、原点を斜めにはさむようにグラフが対称となっていることです。このようなグラフを点対称なグラフといいます。また、$y = x^2$よりも曲線の上がり方（下がり方）が、より極端になっています。

ほかにも数えきれないほどたくさんの関数がありますが、ここまでに出てきた4つの関数が本書の基本となります。

| 定数関数 | $y=a$、$x=b$ など(a、b は定数) |

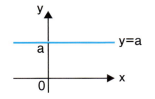
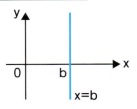

	$y=a$	$x=b$
定義域	実数全体	b
値域	a	実数全体

集合は「点の集まり」だが「1点のみの集合」も集合という

| 3次関数 | $y=x^3$ など |

定義域、値域ともに実数全体

原点 $(0, 0)$ を中心に対称(点対称という)なのが特徴

4つの基本の関数

定数関数($x=a$ など)　　1次関数($y=x$ など)
2次関数($y=x^2$ など)　　3次関数($y=x^3$ など)

「直線の傾き」とは？
xの増え方とyの増え方の割合

　ここまで出てきた関数の中で、グラフの形が直線になるのは、定数関数と1次関数（y = xの仲間）の2つです。ここで、グラフの**直線の傾き**がどのようなものか考えてみましょう。

　直線の傾きというのは「**横に1進んだとき、縦にどれだけ進むか？**」ということです。つまり、**xの増加量に対するyの増加量の比率**と定義されます。

　まず、定数関数の傾きを考えてみましょう。y = aの傾きは簡単です。どこまでいっても縦方向には増えないので、傾きは0です。しかし、x = bの場合は少し話がややこしくなります。横に行きようがないからです。こういう場合、傾きは**無限に大きい**といいます。「無限に」という言葉はもう少し後で出てくるので、とりあえずここでは、「そんなものか」と読み流してください。

　では、1次関数の傾きはどうなるでしょう？　例えば、y = xの場合、右に、すなわちx方向に1進むと、縦すなわちy方向にも1進みます。つまり、傾きは1です。これがy = axならば、x方向に1進めば、y方向にa進むので、傾きはaです。ちなみに、傾きが正の場合、グラフは**右肩上がり**となり、傾きが負の場合、**右肩下がり**になります。つまり、傾きが0になったのがyの定数関数で、傾きが無限大になったのがxの定数関数といえます。

　関数の値が具体的にわかっている場合、その傾きの求め方を解説します。例えば、(a, b)と(c, d)の2点をとります。傾きは「xの増え方とyの増え方の割合」なので、yどうしを引いたもの（ここではd − b）を、xどうしを引いたもの（ここではc − a）で割ります。すなわち、この場合の傾きは$\frac{d-b}{c-a}$となります。

グラフの直線の傾き

傾き 右に1マス進む間に、上もしくは下へ何マス進むか、ということ

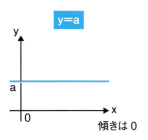

傾きは0

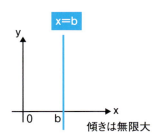

傾きは無限大

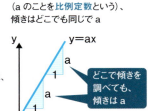

右に1マス進む間に、上に1マス進む

傾き1

$y=ax$ の場合（a のことを比例定数という）、傾きはどこでも同じで a

どこで傾きを調べても、傾きは a

関数の値から傾きを求める方法

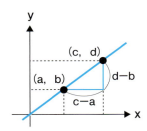

傾きとは、x の増え方と y の増え方の割合のこと

傾きは、$\dfrac{d-b}{c-a}$

なぜ「傾き」が「速度」になるのか?
時間と位置の関係をグラフで考える

ここで、一定の速度で動く物体のことを考えてみましょう。時間と位置の関係を理解するため、2次元座標の上にグラフとして書き表しました(右ページ参照)。

ここまではグラフを考えるとき、横軸と縦軸にはxとyのような、特に意味のない抽象的な記号を使っていましたが、ここでは横軸に時間(timeの略でtと置くことが多い)、縦軸に位置(これはxと置く)を使ってみましょう。これまでのxはtに、yはxに置き換わります。

今、この物体は1秒に+1マス(つまり右方向に)進むとします。そうすると、今、原点に物体があるとしたら、1秒後には右に1マスの位置(つまり+1マス)にいるでしょう。逆に1秒前には、左に1マス(−1マス)にいるでしょう。

このとき、物体の動きのグラフは、右ページの通り、2次元座標の上に$x=t$という関数のグラフで書き表せます。つまり、傾き1のグラフです。

ここで、このグラフの傾きを考えてみましょう。ここでの傾きは、「t方向に1マス進むとき、x方向に何マス進むか」ということです。

つまり、これは「1秒間に何マス進むか」ということと同じです。そう、この場合、グラフの傾きは、速度そのものになるのです。

このように、時間と位置の関係をグラフで考えることで、傾きが何に相当するのかを考えれば、物体の動きを数学として単純に考えることができるのです。

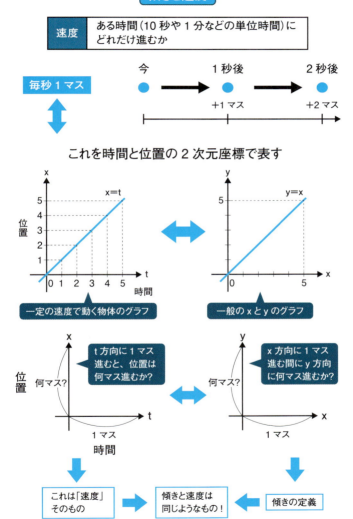

「曲線」にも「傾き」はあるのか?
曲線の傾きとは①

　例えば、物体の時間と位置を2次元座標にとって、物体の動きをグラフで表します。このとき、グラフの傾きには、**物体の速度という大事な情報**が含まれていることがわかりました。

　2つの数字の組み合わせで表される出来事全般に同じことがいえるので、**傾きが非常に重要である**ことがわかるでしょう。

　このように、直線の傾きは、割と簡単な計算で求められることがわかりましたが、**曲線の傾き**というものは考えられるのでしょうか? ここでは曲線として、式がいちばん単純な放物線$y = x^2$を考えてみましょう。この放物線の傾きは、どのような値になるのでしょうか?

　先ほどの直線のときと同じように、このグラフの上の適当な2つの点で考えてみましょう。例えば、xがaという点と、bという点を考えてみます。この場合、グラフ上の点はそれぞれ(a, a^2)、(b, b^2)となります。

　傾きはxとyの進む割合ですから、yの差をxの差で割ればいいのです。つまり、**右ページ**のように計算すれば、傾きは「b + a」と「一応」計算できたことになります。例えば、aが1でbが2なら、**右ページ**のように計算すると、放物線の傾きは3といえます。確かにグラフを見れば、xが1増える間に、yは4から1を引いた値の3増えています。

　こうして考えてみると、「曲線にも傾きが存在して、計算もできた」ということになります。しかし、計算できたからといって、それが「正しいか」というと、そうとは限らないのが数学の怖いところです。次項で、もう少し傾きについて考えてみましょう。

曲線の傾き

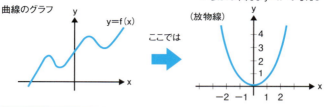

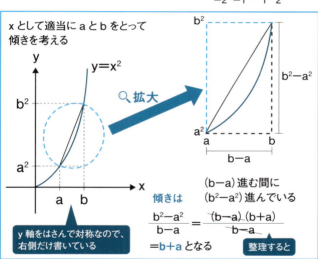

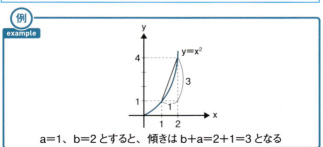

曲線の傾きの意外な落とし穴
曲線の傾きとは②

　前項で、$y=x^2$の放物線のa点からb点の傾きはb＋aという結果が得られました。しかし、曲線をよく調べてみると、意外な落とし穴が待ちかまえているのです。傾きを調べるためにとった2点を中心に、曲線を拡大してみましょう。

　すると、その2点で傾きとして考えたのは、実はその2点を結ぶ直線だとわかります。致命的なのは、例えばaとbの間に、別の点C、Dをとったとすると、右ページの図でわかるように、傾きの値は異なってしまいます。

　直線の場合、どこでどのようにとっても、傾きは常に一定でした。しかし、曲線の場合は傾きのとり方によって、値がまったく違うものになってしまいます。つまり、値のとり方次第で、傾きがいくらでも変わってしまうのです。これでは、数字を分析するときに必要な明確な基準がなくなってしまいます。

　例えば、このグラフが「動く自動車の時間と位置の関係」だったとします。そうすると、前項の例を使えば、時間1秒から2秒までの速度は、毎秒3マスとなります。ところが、この1秒間に、傾き、すなわち速度は刻々と変わっています。しかも、速度は毎秒3マスより遅くなったり速くなったりしています。

　こうなると、もし制限速度などの制約があった場合、この計算の仕方では「制限速度に収まっている」ように見えても、実際にはそれ以上の速度で走っていることも起こり得ます。

　これでは、数字を分析して、それをもとに的確に判断するという目的を達成することはできません。しかし、傾きに相当する情報は欲しいので、それは**1-15**で考えてみましょう。

曲線の傾きの注意点

$y=x^2$ の、aからbまでの傾きは b+a と出た。
しかし、曲線を拡大してみると……

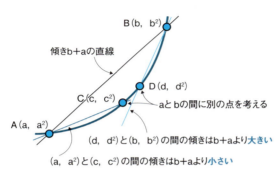

- 傾きb+aの直線
- B(b, b²)
- D(d, d²)
- aとbの間に別の点を考える
- C(c, c²)
- A(a, a²)
- (d, d²)と(b, b²)の間の傾きはb+aより **大きい**
- (a, a²)と(c, c²)の間の傾きはb+aより **小さい**

調べる2点のとり方によって、傾きがまったく違うものになってしまう

つまり、曲線の傾きは場所によって異なる

●傾きと速度は同じもの

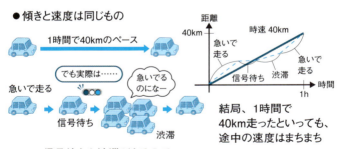

1時間で40kmのペース

でも実際は……
急いでるのになー

急いで走る → 信号待ち → 渋滞

信号待ちや渋滞があるので、時速40km以上で走ったり、未満で走ったりしている

距離 / 40km / 時速 40km / 急いで走る / 信号待ち / 渋滞 / 急いで走る / 1h / 時間

結局、1時間で40km走ったといっても、途中の速度はまちまち

調べるタイミングによって速度はまちまち

「接線」とは？
曲線と1カ所でしか交わらない直線のこと

　この項では、くわしい傾きの話に入る前に、接線について説明していきます。

　接線というと、最初に習うのは円の接線かもしれません。接線とは、一言でいうと、接する線です。

　よく、「線と線が交わる」といいますが、「接する」とは一体どういうことなのでしょうか？

　これについては、きちんと数学的に考えようとすると、いろいろと難しい説明が必要で、本書の目的からかなり外れてしまいますから、ここでは簡単な例で考えてみましょう。

　右ページのような形をした曲線の近くに直線を引いてみます。いろいろと直線を引いていくと、曲線と直線はいろいろな交わり方をしますが、引いた直線の中で曲線と斜めに交差するような直線は、必ずもう1カ所で交わることがわかります。

　接するということは、いい換えれば、このような曲線と1カ所でしか交わらないということです。これは、曲線と「角度を持たずに」交わるということでもあります。少しでも角度を持って交われば、必ずもう1カ所で交わってしまいます。

　なお、角度が浅ければ浅いほど、2つの交点はどんどん接近していきます。

　曲線と1カ所でのみ交わる直線という言い方は、いかにも数学っぽいのですが、これにも例外があります。曲線の出っ張りがいくつもある場合です（変曲点がある場合）。この場合は、接していても別の点で交わることがあります。ただし、本書ではこういったケースは扱いません。

交わる点は1つだけ

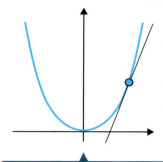

接線とは?
- 曲線と交わる点が1つしかない直線
- 曲線と角度を持たずに交わる直線

このような形の曲線の接線とは?

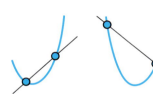

角度を持って交わると必ず2カ所で交わることになる

1カ所でしか交わらない直線 これが**接線**

ただし……

ここでも交わる

曲線の出っ張り方が変化する点(変曲点)をはさむと、接線と再び交わることもある
ただし、本書では扱わない

上に出っ張る
変曲点
下に出っ張る

角度を持たずに交わる = 接線

「曲線の傾き」は「接線の傾き」
接線は傾きがわかればわかる

　曲線の傾きの解説に戻ります。1-13で登場した曲線の傾きでは、2つの点を適当にとって傾きを考えると、2つの点のとり方によって傾きはいくらでも変わってしまい、数学としてのきちんとした分析ができない、という問題がありました。

　きちんと分析するには、2つの点のうち1つを固定して考えます。ここでは原点に近い方の点を基準として、この点での傾きを考えてみましょう。傾きは位置によって変わってしまうので、「どこどこの点での傾き」という言い方をするのです。

　では、「ある点での傾き」ということで、右ページの図の点での傾きを考えてみましょう。

　これまでのように、ほかに適当な点をもう1つ考えたとしたら、この点のとり方次第で、傾きは変わってしまいます。それでは、その点での傾きを1つに決められません。

　それでは、もう1つ置いた点を、少しずつ基準の点に近づけてみたらどうでしょう？

　段々と近づけていき、2つの点が1つに見えるくらいに近づけてみます。すると、1つの事実に気がつきます。そう、このような近づけ方をした2つの点同士を線で結ぶと、**2つの点を近づけるにつれて、どんどん基準となる点の接線（1-14参照）に近づいてしまうのです。**

　つまり、グラフ上の曲線の傾きは、**その点での接線の傾きと同じ**と考えてよいことがわかります。逆にいえば、曲線の接線は、その点での曲線の傾きがわかれば求められます。曲線の傾きとは、その点での接線なのです。

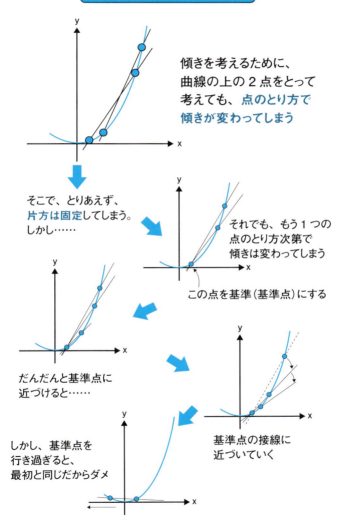

「曲線の傾き」を求めるには？
2点間の距離をどこまでも短くする

　曲線の傾きについて、理解が深まってきたと思います。ここでは、実際に曲線の傾きを求めてみましょう。

　これまでの話を総合すると、「曲線の上のある点での傾きは、その点ともう1つ別の点をとって、傾きを求めたい点に向かってもう1つの点をどんどん近づけていくと求められる」ということでした。これを計算して実行するには、次のように考えます。

　まず、「もう1つ別の点をとる」ということを、「傾きを求めたい点からx方向にhだけ離れた点をとる」と考えます。そうすると、この2つの点の間で傾きを計算できます。

　次に、「傾きを求めたい点に2つ目の点を近づける」という部分を、2つの点のx方向の距離、hをどんどん小さくすると考えます。つまり「hを0に近づけたらどうなるだろうか」と考えるということです。

　傾きを計算すると、hを含んだ式が出てきます(hを含まないこともあるが、それはすでに傾きの式そのもので、それ以上計算する必要はないということ)。そこでhを0に近づけたとき、その式の値がどうなるかわかれば、曲線の傾きがわかります。

　しかし、傾きの式の中にhが出ている場合、単純にhを0で置き換える(代入という)だけではダメです。右ページの図の式を見ればわかりますが、分母にhが入っているので、単純にhに0を代入すると$\frac{0}{0}$となり、意味がありません。

　そこで、極限という考え方が登場します。極限という考え方を使えば、「どんどん近づける」ことができるのです。次項でこのことを考えてみます。

2点をどんどん近づけると……

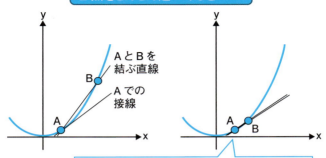

BをどんどんAに近づけると、AとBを結ぶ直線はAでの接線に近づいていく

これを計算としてどう表現するか?

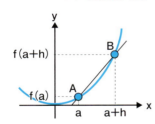

点Aがあったとしたら、Aより少し(h分)だけずらした点Bを考える

Aは$(a, f(a))$
Bは$(a+h, f(a+h))$

AとBの傾き＝xの増え方とyの増え方の割合だから
y方向の増え分 $f(a+h)-f(a)$、x方向の増え分 $(a+h)-a$

$$ABの傾き = \frac{f(a+h)-f(a)}{(a+h)-a} = \frac{f(a+h)-f(a)}{h}$$

注意

ここでhに0(ゼロ)を入れると……

$$\frac{f(a)-f(a)}{0}$$ $\frac{0}{0}$ で、意味がなくなる

hを「0に近づける」と「0にする」では、まったく意味が違う!

「無限に小さい(無限小)」という考え方
限りなく0に近づける

　前項で「2点をどんどん近づける」、すなわち「x方向の距離として考えたhを、どんどん0に近づけていく」という考え方が出てきましたが、これを数学では<u>無限</u>という言葉で表現します。

　この場合は、「hを無限に小さくする」「無限に0に近づける」といいます。実は、<u>微分積分の根底を成しているのが、この「無限に小さい(無限小)」という考え方</u>なのです。

　「無限に0に近づける」ということは(ここではhを)、あくまで近づけるだけで、0そのものにはなりません。

　なんとも不思議な、言葉遊びのような考え方ですが、数学には、こういった一面があり、この無限小という考え方は、そのうちの1つかもしれません。

　論理的に考え、矛盾をなくすためには、多少わかりにくくなったとしても、このような考え方を持ち出すというのは、「数学的」といえるでしょう。

　実は微分積分の歴史をひもとくと、無限小についての考え方がまとまるのに、かなりの時間がかかっています。この「微分積分の要(かなめ)」ともいえる部分の完成が遅れたため、微分積分そのものを学問として認めなかった学者もいたほどでした。「誤りと誤りが重なって、正しい結果を生み出している」と、微分積分を評価した人もいたようです。

　とはいえ、実際に微分積分の計算を始めると、この無限小という考え方はあまり出てこなくなり、あまり意識しなくなるのですが、微分積分の仕組みを知る上では、かなり重要な項目であることは間違いありません。

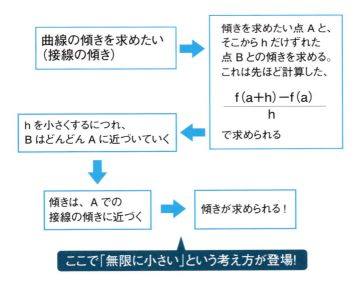

ここで「無限に小さい」という考え方が登場!

BをAに限りなく近づけるとは、
hを0に無限に近づけるということ!

しかし、hは0ではない。限りなく0に近いというところが
ポイント(0だと傾きが成立しないから)

> 「近づける」ということを「 → 」で書くことが多い
> この場合、
> h→0 ならば、(ABの傾き)→(Aでの接線の傾き)
> 　　　　　　　　　　　　　　　　　　などと書く

「極限計算」とは?
ある値に無限に近づけていくこと

　数学では「無限に小さい」ということを、「どんな数でもとれる」と表現します。普通、「どんな数でも」といわれると、大きい数を想像してしまいますが、ここでは「どんなに小さい数でもとれる」と考えます。$y = \dfrac{1}{x}$ という関数は、xを無限に大きくすると、yの値は限りなく0に近くなります。このことを「xを無限大にしたときのyの極限」などといいますが、これと「どんな数でもとれる」こととの関係を考えてみましょう。

　「yが0に限りなく近づく」ということは、うまい具合にxを選べば、yはどんな数でも取り得ることになります。例えば、yが0.01であれば、xとして100を考えればいいのです。また、yが0.00000000001のように微小な値だとしても、xとして100000000000を用意すればいいのです。

　こう考えると、**yは小数点以下何桁をとっても大丈夫**です。たとえ小数点以下何十桁のほんの小さな値でも、0ではありません。ちゃんと値を持っています。しかし、その値はいくらでも0に近づけることができます。「無限に0に近づける」というのはそういうことです。このように、ある値に無限に近づけていく計算を**極限計算**といいます。

　とはいえ、現実の世界では「無限小は0と同じと考えてもいいのでは?」と考えてしまうものです。実際、「小数点以下何十桁」という数は、誤差などと区別するのが難しく、結局は0と同じ扱いになることが、現実の世界ではよくあります。微分積分には大ざっぱなところもあるので、無限小についてはこれ以上深く考えなくても大丈夫です。

「無限に近づける」とは?

無限に近づく
(例:x が a に近づく)

どんな値でもとれる
(例:「x−a」はどんな値もとれる)

とすることが多い

例えば、$y = \dfrac{1}{x}$ という関数を考える。
(x を限りなく大きくすると、y は限りなく 0 に近づく)

適当に x をとれば、y はどんな数でもとれる

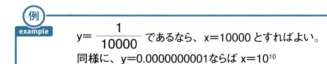

例
$y = \dfrac{1}{10000}$ であるなら、x=10000 とすればよい。
同様に、y=0.0000000001 ならば $x = 10^{10}$

$y = \dfrac{1}{x}$ の x にそれなりの値を与えれば、y をどんなに小さくしても大丈夫!

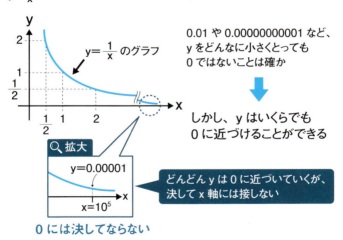

0.01 や 0.00000000001 など、
y をどんなに小さくとっても
0 ではないことは確か

しかし、y はいくらでも
0 に近づけることができる

どんどん y は 0 に近づいていくが、
決して x 軸には接しない

0 には決してならない

極限計算の記号「lim」とは何か?
limの意味と使い方

ここまで、**極限計算**の大まかな考え方を説明しました。この極限計算で使われる記号にlimがあります。一般的に極限計算では、「無限に近づく」ことを示すのに矢印を用います。例えば、xを無限大(∞)にしたとき、$\frac{1}{x}$が0に限りなく近づくことを、「$\frac{1}{x} \to 0$(x$\to\infty$のとき)」などと書いたりしています。

ところが、数式が複雑になったりすると、矢印だけではわかりにくいことがあり、limという記号が出てきます。limは「リミット」「リム」などと読みます。

記号limの意味は**右ページ**の通りです。limの下に「どの記号がどういう値に近づくか」を指定して、その後に極限計算の対象となる式や関数記号を書きます。矢印を使った極限の表し方と違うのは、**近づく値と等号を使って結んでいる点**です。limには「無限に近づく」という意味が含まれているので、等号を使うことができるのです。

limを使った極限計算には、**右ページ**のように、いくつかの使い方(テクニック)があります。極限計算を行う中で、本当の意味で極限の問題が出てくるのは、多くの場合、ほとんど最後の部分だけです。そこで、なるべく単純な極限計算に持ち込むため、まず、いろいろと工夫して式を簡単にし、最後に極限の考え方を持ち出せばいいのです。

limを使った実際の計算例は、後で具体的な関数のグラフの傾きを計算する中で紹介しますが、一見、**難しそうな計算でも、多くの場合、よく見ると簡単な計算をしているだけ**です。見かけの難しさにだまされないことが重要です。

極限計算の記号 lim

前項のような計算（〜に近づける）を**極限計算**という

例えば、**h→0** のとき、（傾き）→ ○○○ などと書く

これを、「限界」という意味の**lim**（Limit の略）を使って書くと、

$$\lim_{h \to 0} \frac{f(a+h)-f(a)}{h} = ○○○$$ などと書く

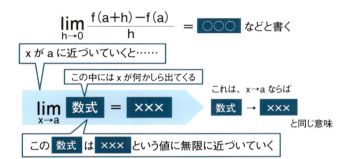

x が a に近づいていくと……

この中には x が何かしら出てくる

$\lim_{x \to a}$ 数式 = ×××

これは、x→a ならば 数式 → ××× と同じ意味

この 数式 は ××× という値に無限に近づいていく

lim の使い方

$$\lim_{x \to a}(A+B+C) = \lim_{x \to a}A + \lim_{x \to a}B + \lim_{x \to a}C$$

いくつかあっても　　　　　１つずつ計算できる

$$\lim_{x \to a} b = b$$　x が b に関係なければそのまま

$$\lim_{x \to a} bx = b\lim_{x \to a} x$$　b が x に関係なければ「b」を、前に持っていける

上記のテクニックを使って
まず、工夫してなるべく単純な式にする

それから最後に **lim** を使う

1次関数の傾きを求める
y = axの傾き

　ここまでのまとめとして、**1次関数の傾き**を求めてみましょう。ここでは、比例定数がaの1次関数y = axを考えてみます。

　まず、傾きを求める点を決めます。

　これはどの点の傾きでも求められるように、x座標をxのままにした点Aを考えます。そうすると、関数の式から、この点のy座標は「ax」となります。つまり、点A(x, ax)での傾きを求めることになります。

　次にこの点から、x方向に少しずらした点を考えます。

　この点にはhを使って、点(x + h, a(x + h))という点A'を考えます。

　そうすると、点A、点A'の傾きは右ページの通り、**yの差をxの差で割るので、xの値に関係なく、常にaとなってしまいます。**
$\frac{ah}{h} = a$なので(どちらもhを含んでいるので、分子と分母のhを消せる)、もちろんhも関係ありません。

　つまり、わざわざ**極限**などとらなくても、**傾きは常にa**だとわかります。

　直線のグラフを見ると、当たり前といえば当たり前なのですが、式の計算からもそれが確認できたということです。

　ちなみに、hを含んでいない傾きの式もあります。y = axのような傾きの式が、傾きにhを含まない例です。

　極限計算において、近づけたい記号が式の中にない場合は、特に計算せず、**その式が結果そのもの**となります。hを0に近づけるという計算の中で、「aだけの式」であれば、結果の値は、そのままaでよいのです。

1次関数（y＝ax）の傾き

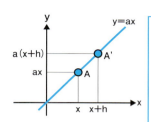

極限計算

❶ Aと、そこから右に h だけずらした（「+h ずらす」などという）A'を考える

❷ AとA'の傾きを計算

❸ A'を A に限りなく近づける

では、実際にやってみよう

❶ **点 A の座標は**　　y＝ax より、(x, ax)
点 A'の座標は　　y＝ax より、(x+h, a(x+h))

　　　　xをx+hに置き換えて計算

❷ **AとA'の傾き** $\dfrac{（点 A'の y）-（点 A の y）}{（点 A'の x）-（点 A の x）} = \dfrac{a(x+h)-ax}{(x+h)-x} = \dfrac{ah}{h}$

❸ **A'を A に限りなく近づける** $\lim_{h \to 0} \dfrac{ah}{h} = \lim_{h \to 0} a = a$ （→どこに x があっても傾きは a）

　　　　hとaは無関係

y＝ax の傾きはどこでも a

つまり、y＝ax の接線は y＝ax そのもの

2次関数「$y = x^2$」の傾きを求める
なぜ傾きは「$y = 2x$」となるのか？

　前項で解説した1次関数の傾きを求める計算は、シンプルすぎて、やや拍子抜けした極限計算だったかもしれません。しかしながら、2次関数の傾きを求める計算は、いよいよ極限計算らしくなってきます。

　計算の考え方は、1次関数の場合と同じです。

　2次関数の上の点として何でもとれるように、点(x, x^2)と点$(x + h, (x + h)^2)$の2点の間の傾きを求めて、その後、hを0に近づける極限計算を行います。

　計算は、ここでもyの差をxの差で割るのですが、yの差である分子の式を展開して整理すると、右ページのように$(2hx + h^2)$という式になります。どちらの項もhを含んでいるので、分母のhとともに消せます。hは非常に小さいのですが、0ではないので割ることができるのです。

　そうすると、$2x + h$が最後に残ります。ここで、「hは0に近づく」というわけですから、「$2x + h$は$2x$に限りなく近づく」といえます。極限の考え方を使っているのは、実はここだけで、後はごく普通の計算しかしていません。

　さて、これで、$y = 2x$という関数が2次関数の傾きを表していることがわかりました。ここから、傾きそのものも関数になることがわかります。$y = 2x$のxに、具体的な値を代入してましょう。例えば、xが1の点での傾きは2になり（$y = 2 \times 1$）、xが−2の点での傾きは−4となります（$y = 2 \times -2$）。これにより、2次関数の傾きが、場所によって異なることが、式としてきちんと示されることがわかりました。

2次関数（y＝x²）の傾き

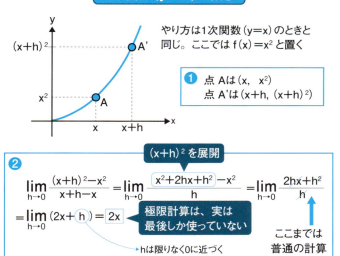

やり方は1次関数（y＝x）のときと同じ。ここでは f(x)＝x² と置く

❶ 点Aは (x, x²)
　点A'は (x+h, (x+h)²)

❷
$$\lim_{h \to 0} \frac{(x+h)^2 - x^2}{x+h-x} = \lim_{h \to 0} \frac{x^2 + 2hx + h^2 - x^2}{h} = \lim_{h \to 0} \frac{2hx + h^2}{h}$$
$$= \lim_{h \to 0} (2x + h) = 2x$$

(x+h)² を展開

極限計算は、実は最後しか使っていない

hは限りなく0に近づく

ここまでは普通の計算

傾き自体が y＝2x という関数になっている

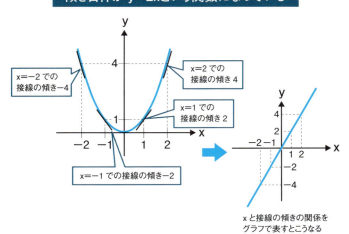

x=−2 での接線の傾き−4
x=2 での接線の傾き4
x=1 での接線の傾き2
x=−1 での接線の傾き−2

xと接線の傾きの関係をグラフで表すとこうなる

曲線の傾きを求めるのは微分そのもの
曲線を無限に分けて各点の傾きを求める

　ここまで、曲線の傾きを求める計算の中で、接線の傾きや極限のことを考えてきました。実は、**曲線の傾きを求めることは、微分の計算そのもの**だからです。

　微分は、**ものの値動きを調べる**ことに通じるものがあります。価格を調べる周期を一定にして価格を求めるのです。ここで述べた関数は、そういった現象を分析する手段で、いちばんわかりやすい計算を例にとりました。

　前項の計算で、適当に$(x, f(x))$と考えて、そこからhだけずらした点との傾きを考えましたが、これは「その曲線を幅hで刻んだ」ことと同じような考え方なのです。

　そして、そのhを0に近づけるということは、**曲線を無限に細かく分けて考える**のと同じことなのです。

　微分という名前は、「微小な部分で分ける」というところからきており、本章でここまで考えてきたのは、まさに微分計算そのものだったのです。

　微分計算では、ある点を少しだけずらしたときのxの値の変化を、**xの変分**といって**Δx**(デルタエックスと読む)と書き、それに対応するyの変化を、**yの変分**といって同じく**Δy**と書きます。そして、ΔyとΔxの比を考え、Δxを0に近づけたときの極限を**yの微分係数**と呼びます。この「**yの微分係数を求める**」ことを、「**yをxで微分する**」というのです。つまり微分とは、yの微分係数を求めることにほかなりません。そして、各点の微分係数を求めていくと、曲線$y = f(x)$の傾き、接線の傾きを示す関数が求められるのです。

微分とは？

「xで微分」とは、細かく細かくx座標を分けること

| 曲線 $y=f(x)$ の傾きを求める | ⟷ | $\lim_{h \to 0} \dfrac{f(x+h)-f(x)}{h}$ を求める |

つまりこれは、関数をhごとに区切ったもの

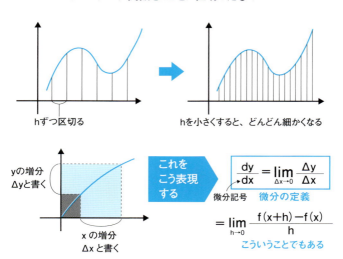

hずつ区切る → hを小さくすると、どんどん細かくなる

yの増分 Δy と書く
xの増分 Δx と書く

これをこう表現する

$$\dfrac{dy}{dx} = \lim_{\Delta x \to 0} \dfrac{\Delta y}{\Delta x}$$

微分記号 微分の定義

$$= \lim_{h \to 0} \dfrac{f(x+h)-f(x)}{h}$$

こういうことでもある

$\dfrac{dy}{dx}$ 「ディーワイ・ディーエックス」と読み、「yをxで微分する」という意味

$\dfrac{dy}{dx}$ 、 $\dfrac{df(x)}{dx}$ 、 $\dfrac{d}{dx}f(x)$ などと書く

つまり、点A'を点Aに少しずらしたとき（Δx ずらしたとき）の
xのずれとyのずれ（Δy）の比を考え、$\Delta x \to 0$ としたときの
$\dfrac{\Delta y}{\Delta x}$ を、yの **微分係数** という

Column 1

野心家だったラプラス

　「フランスのニュートン」とも呼ばれるピエール＝シモン・ラプラス（1749〜1827年）は、興味深い人物です。

　数理天文学者としての彼は、ニュートンの法則を太陽系に適用するという大仕事に身を投じ、主著『天体力学』という形でまとめました。また、確率論への貢献も見逃せません。

　しかし、それだけで満足できる人物ではありませんでした。ナポレオンの知遇を得たラプラスは、内務大臣になり、政治的野心も満足させたのです。

　しかし、政治的にも学問的にもある意味節操がなく、寂しい晩年を送ることになりました。彼の臨終の言葉は「吾人（私）の知るは多からず、知らざるは無量なり」というものでした。

第2章

微分してみよう

この章では最初に、自由落下を例として、**位置の微分が速度**、さらに**速度の微分が加速度**であることを学びます。その後、導関数、微分の公式、増減表などを学習しつつ、これらを用いて最大値を求める具体的な問題を解きます。

2-1 微分は物事を分析できる
関数を分析する基礎

　第1章では、「曲線の傾きは接線の傾きに等しい」ことや、「接線の傾き——すなわち微分係数を求めることは微分そのものである」ことを解説してきました。そして、簡単な関数のグラフ（$y = ax$、$y = x^2$）について実際に計算して、その微分係数を求めてみました。

　曲線の傾きと微分係数は等しいわけですが、右ページの図のように、関数の増減と微分係数の正負も一致します。両者の間にはどういった関係があるのでしょうか？

　ここで、物の価格の上下について考えてみましょう。価格の変化を、価格を調べた日数で割って、「1日あたりの価格の変化」として分析してみます。少し大ざっぱですが、微分係数を求めることは、この「1日あたりの価格の上下」を求めることに相当します。本章で扱っていくのは、このように数式や簡単な関数で表されるような物事の分析です。

　とはいえ、これから出てくる関数では、物の価格の変化のような、実際に世の中で起こっている複雑な動きを100％再現できるわけではありません。

　しかし、まずは関数で表現できるような、数学としてきちんと分析できる実際の物事を対象にして、関数を分析する基礎をつかんでいきましょう。

　次項から、「微分係数と曲線の傾向はどういう関係にあるか」ということと、実際に数式を分析する方法、さらに、簡単な問題を解くために微分をどう使うか、について述べていくことにしましょう。

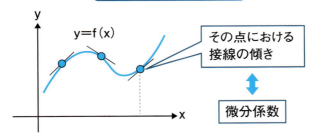

接線の傾きの正負と、その関数の増減は一致している

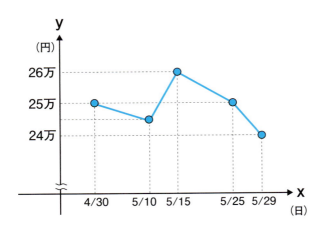

| 1日あたりの価格の上下が微分係数に相当 | → | 微分は関数のように数式を使って表現できる。これにより、物事を分析できる |

微分を使うと関数のグラフを分析できる

2-2 微分係数を再確認する
曲線の傾きは、その点における接線の傾き

　第1章で**微分係数**について説明してきましたが、ここでもう一度、「微分係数とはどんなものだったか」を簡単に思い出してみましょう。

　グラフの形が直線になるような関数のグラフは、簡単に分析することができます。グラフのどこをとっても、その傾きはずっと一定だからです。

　ところが、**右ページ**のように曲線を描いているグラフは、その**位置によって傾きが変化**してしまいます。

　そこで、「曲線のグラフの傾きを考えるにはどうすればいいのか」ということから生まれたのが微分係数です。関数の分析では、変化の具合（その関数のグラフの傾き）がどうなっているかを知ることは、かなり重要だからです。

　微分係数は、**右ページの下図**のような考え方で求めることができます。

　まず、傾きを求めたい点から、x方向に少しずらした点をとります。2つの点を直線で結ぶと、この直線の傾きが求まります。しかし、その直線は曲線の傾きとは違います。そこで、2つの点を「限りなく」近づけます。

　2つの点が一緒になってしまうと、直線の傾きを考えることはできませんが、この場合、点どうしはあくまで離れたままなので、傾きを考えることができます。

　そして、この傾きは、傾きを求めたい点の接線に「限りなく」近づくだろう、というのが微分係数の考え方です。つまり、**曲線の傾きは、その点における接線の傾きと等しい**ことがわかります。

微分係数とは

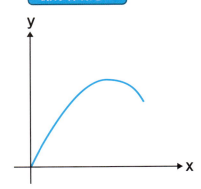

微分係数とは……

関数のグラフ グラフの傾き（＝接線の傾き）を求めるためのもの

ある点の微分係数とは？

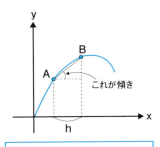

点Aと、そこからx方向へhだけ離れた点Bを結ぶ直線の傾きを考える

BをAに無限に近づける。つまり、hを無限に小さくすると、直線は接線に限りなく近づく

これが微分係数の考え方！

2/3 微分係数が0になる点を探す
微分を使って物事を分析するとは？

　微分を使ういちばん大きな理由の1つは、関数の**最大値、最小値**を求めるためです。なぜなら、物事を分析する目的の1つは、効率化にあるからです。

　例えば、自転車を設計するとしたら、いちばん大きな力がかかる部分を計算で見つけて、その大きな力に耐えられるような頑丈な部品をつくることで、長もちさせることができます。「限られたものを使って、できるだけよいものを効率よくつくる」——これが分析の目的なのです。

　このことから、**関数の中で最も大きい点や小さい点を探すことが重要**になってきます。

　さて、微分係数が正であれば、関数は増加（右肩上がり）しており、負であれば、減少（右肩下がり）していることになります。つまり、**微分係数は関数の状態を示すバロメーター**と考えることができます。

　しかし、微分係数が正であれば、その関数はずっと増加し続けるわけです。これでは変化がないので、分析する意味が薄れます。逆に、減少し続ける場合も同様です。

　となると、いちばん興味深いのは、**微分係数が正から負、あるいは負から正へ切り替わる瞬間**であることがわかります。つまり、**微分係数が0になる点**を見つければよいのです。

　「微分を使って物事を分析する」ということは、まず、物事を式（関数）で表して、その式を微分を使って分析する——すなわち、微分係数が0になる点を見つけることなのです。そうすることで、客観的な分析ができるのです。

限られた材料で長もちする自転車をつくるには?

いちばん力のかかる部分を頑丈につくろう。
さて、どの部分か?

微分を使って分析

| 最も大きい点や、最も小さい点を求める |

ただし、微分係数が　→　**正**（値が増え続けている）
　　　　　　　　　　→　**負**（値が減り続けている）

これだと、変化がないのでわからない

微分係数が正から負へ（あるいは負から正へ）転じるところを求める

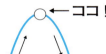 ←ココ！　　 ←ココ！

微分とは、微分係数が0になる点を見つけること

「自由落下」を数学で考えてみる
gは重力加速度

　ここでは、実際に微分係数を理解するための好例として、高いところから物を落としたときのことを考えてみましょう。

　今回考えるのは<u>自由落下</u>と呼ばれるものです。自由落下は、落とすときに勢いをつけず、そっと落とします。ちょうど、リンゴを握ってパッと手を開くと、すっと落ちていくような現象のことです。

　実際の落下では、空気の摩擦による抵抗(落ちていく勢いを妨げる現象)があるのですが、今回は話を簡単にするため、摩擦による抵抗を考えないことにします。非常に空気が薄い上空か、宇宙での話だと考えましょう。

　さて、高いところから物を落とすと、その物体は地面に向かって速度を上げながら落ちていきます。ここで、時間とその時点での位置(落とした場所からどれくらい落ちたか)をグラフで表すと、<u>右ページの図</u>のようになります。このグラフは、

$$y = \frac{1}{2} gt^2$$

という関数に近くなることが知られています。

　ちなみに、この関数の「g」は<u>重力加速度</u>と呼ばれているものです。例えば、ジェットコースターのすごさを表現するときに「3.5Gの加速度」などといいますが、このGは重力加速度のことです。3.5Gなら、重力によって落ちるときの3.5倍の勢いでジェットコースターが進んでいるということです。重力で落ちる場合が1Gですから、3.5Gというのはそれだけすごいジェットコースターだとわかります。

時間と位置の関係

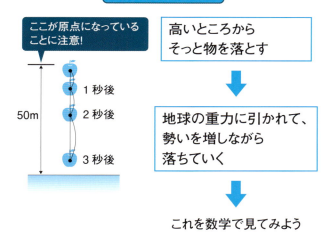

これを数学で見てみよう

位置と速度の関係

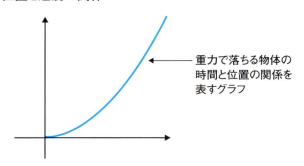

重力で落ちる物体の時間と位置の関係を表すグラフ

$y = \dfrac{1}{2}gt^2$ という「tの関数」になっている

※gは「重力」を表す記号

2/5 時々刻々と変わるリンゴの落下速度
微分係数はその時点の瞬間的な速度

　手に持ったリンゴを、高いところからそっと落としたときの話を続けます。

　前項のグラフを見てください。前述しましたが、ここでのグラフの傾きは、一般的に見て「ある時間でどれくらい物体が動く(ここでは「落ちる」)か」を示していることがわかります。つまり**速度**を表しているわけです。

　速度が速ければ、リンゴは短時間で地面まで落ちてしまいますし、遅ければゆっくり落ちていくことになります。つまり、ここで微分係数を求めれば、「リンゴが落ちる」という現象を「リンゴが地面に落ちるまでに、どれくらいの時間がかかるか」という観点で分析できそうです。

　そこで、この物体の動きを関数にして書き表せば、**微分係数はその時点における瞬間的な速度**となります。

　右ページの図の通り、グラフの傾きが大きければ速度は速くなり、リンゴは早く地面に落ちます。同じt方向の幅で、より長くy方向にグラフが伸びるということです。自由落下は、この関数がどういう形になるか最初からわかっているので、微分で分析するのにうってつけの現象なのです。

　今回のグラフを見ると、グラフの傾きが点(つまり時間のこと)によって変化していることがわかります。つまり、このような現象の場合、リンゴの速度は時々刻々と変化していることになります。

　つまり、リンゴの動きを分析するには、微分して速度を調べることが非常に重要となってくるわけです。

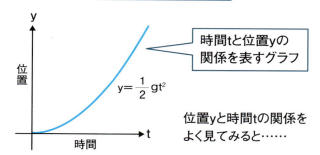

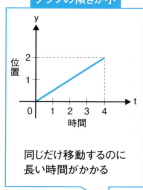

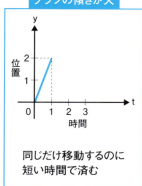

「グラフの傾き＝微分係数」は速度

自由落下の場合は、時間によって傾き（＝速度）が違う

微分を使って分析することが重要！

2/6 「速度」と「時間」の関係は？
微分係数の微分係数

　リンゴを自由落下させたとき、位置と時間の関係をグラフで表すと、その傾きはリンゴの速度を表し、位置と時間の関係を表す関数の微分係数であることがわかりました。

　さて、一度、微分係数を求めてしまうと、それだけで安心してしまいがちですが、数学というものはそう単純ではありません。各時間での微分係数を考えることで、今度は時間と微分係数の関係をグラフに表せます。

　このグラフは、2-15で出てくる導関数そのものなのですが、導関数のくわしい説明はそこでします。

　最初から時間とリンゴの速度を考えていれば、そのようなグラフが出てくるのは当たり前なのですが、位置と時間の関係を表す関数の微分係数と時間の関係が、また関数になることがわかります。

　速度と時間の関係をグラフにすると、右ページ中のグラフのようになります。位置と時間のときとは違って、グラフの形は直線になります。そして、時間と位置の関係と同じく、v = gt（vは速度を表す）という関数になります。gは先ほど出てきた重力加速度を表す記号です。

　グラフを見ると、原点(0, 0)を通っていることがわかります。確かに「そっと離す」のですから、離した瞬間はリンゴが止まっているわけです。このことからも、このグラフが実際の現象をきちんと再現していることがわかります。

　さて、速度が関数になることがわかりましたが、速度の微分係数を考えると、あるものが浮かんできます。

時間と速度の関係

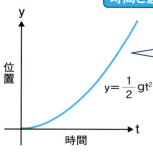

落下する物体の時間tと位置yを示すグラフ

$y = \dfrac{1}{2}gt^2$

時間tと速度vの関係をグラフで表すと……

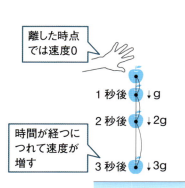

離した時点では速度0

1秒後 ↓g
2秒後 ↓2g
3秒後 ↓3g

時間が経つにつれて速度が増す

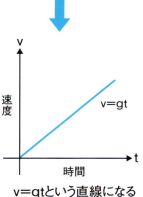

$v = gt$

v=gtという直線になる

まとめると……

t(時間)	0	1	2	3
v(速度)	0	g	2g	3g
y(位置)	0	$\dfrac{1}{2}g$	2g	$\dfrac{9}{2}g$

tを秒、yをm(メートル)で考えると、gの値は約9.8となる

時間と速度の関係の微分係数は「加速度」
速度そのものも変化する

　前項で出てきた、時間と速度の関係を表すグラフをよく見てみましょう。前述しましたが、一般的に見て、ここでのグラフの傾きは、「ある時間でどれくらい速度が変化するか」を示しています。位置の場合は速度が位置の変化を左右していますが、速度の場合も、何かが速度の変化を左右しているはずです。速度は、自動車や電車などに取り付けられている速度計や、速度違反の取り締まりなどであまりにも身近ですが、速度そのものの変化の具合については、あまりよく知られていないかもしれません。

　こういった速度の変化の具合を加速度といいます。速度に「加える」から、加速度です。実際には差し引くこともありますが、数学ではそういうことを「マイナス○○加える」といったりするので、「加える」だけで問題ありません。

　この時間と速度の関係のグラフでも、もちろん傾きを考えることができます。位置のときと同様に、傾きが大きくなれば短い時間で速度が上がり、傾きが小さくなればゆっくりと速度が上がっていきます。ただし、位置の場合は傾きが0になると、その場で止まっていることを表しますが、速度の場合は傾きが0になっても止まっているわけではなく、一定の速度で動いている（ここではリンゴが落ちていく）ことを表しています。

　さて、今回の場合は、いつでも傾き（＝加速度）が一定であることがわかりました（等加速度運動）。これは、この加速度が地球の重力によってもたらされているからです。重力加速度は、地球の重力を示しています。地球の重力が時間や場所によって変わってしまったら大変です。

微分係数と加速度の関係

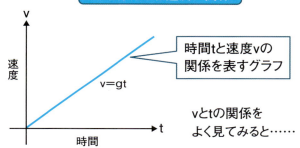

時間tと速度vの関係を表すグラフ

vとtの関係をよく見てみると……

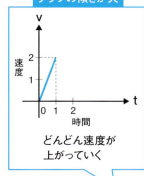

どんどん速度が上がっていく

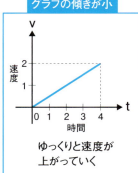

ゆっくりと速度が上がっていく

速度の傾き(=変化の割合)を**加速度**という
(速度に**加える**から)

リンゴの場合は、時間にかかわらず、傾き(=加速度)は一定

加速度が一定の運動=等加速度運動

「位置の変化」と「速度」「加速度」の関係
微分して、また微分すると？

　ここでいったん、これまでの話をまとめてみましょう。

　高いところから物を落とすと、その物体は速度を上げながら地面に向かって落ちていきます。時間とその時点での位置（落とした場所からどれくらい落ちたか）をグラフで表すと、右ページ上図のようになります。

　前述の通り、ここでのグラフの傾きは、ある時間でどれくらい物体が動く（ここでは落ちる）かを示しているので、その物体の速度になります。つまり、この物体の動きを関数にして書き表せば、そのときのグラフの傾き、つまり微分係数は、その時点における瞬間的な速度となります。

　このとき、それぞれの時間tに対して微分係数との関係を考えることもできます。つまり、各tの微分係数が、また関数となって出てくることもあるわけです。

　そして、この速度のグラフの傾きを考えることもできます。各時間における速度を示すグラフを考えてみると、右ページ下図になります。その傾きは、結局、速度がどういった割合で、速くなったり遅くなったりしているかを表しています。

　こういった速度の変化率を、微分積分や物理の世界では加速度といいます。まさに今現在の速度に「加える」から加速度というのです。

　そして、今回の場合、時間と速度の傾きを示すグラフは傾きが一定、すなわち加速度は一定ということがわかりました。これは、自由落下が地球の重力に引かれて起こる現象だからです。微分積分と物の動きには、深い関わりがあるのです。

落下している物体の「時間」と「位置」のグラフ

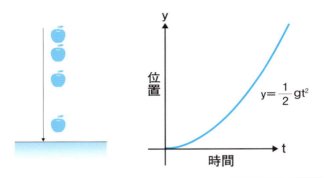

このグラフの傾き（微分係数）＝速度

物体の位置（y）を時間（t）で微分

落下している物体の「時間」と「速度」のグラフ

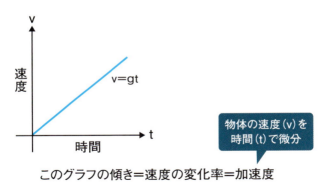

このグラフの傾き＝速度の変化率＝加速度

物体の速度（v）を時間（t）で微分

曲線を直線に見立てる
まずはグラフを2等分して考える

簡単な現象の中に実は微分係数が潜んでいることがわかってきました。実際の現象を分析して理解するために、どうやら「微分なるものは使えそうだ」と感じ始めていることでしょう。

ところが、これまでの微分係数は、**ある1点を計算することでしか微分係数を求められないという弱点**があります。

分析したい現象が「グラフで表すと直線になる」とわかっていればそれでもいいのですが、実際にそうである可能性はほとんどないでしょう。

つまり、**ある点での微分係数がわかっても、そのほかの点でどうなっているかは、まったくわからないのが普通**なのです。

さて、ここまでの話の流れの中で、「曲線の傾きを考えるのは難しいが、直線なら何とかわかる」ということがわかったでしょう。このようなとき、次のように考えたらどうでしょうか？

「なんとか曲線を直線に見立てることはできないか？」

まず最初は、いちばん単純な例です。

右ページの下図のようにグラフをとりあえず2等分して、このグラフの傾きを考えてみましょう。この場合、2つ折りの折れ線の傾きを考えることになります。

「曲線と直線なんて、見た目からして全然違うじゃないか」と思うかもしれませんが、とりあえずダメ元でやってみると、確かに、せっかく滑らかなカーブを描いている曲線が、折れ線になってしまいます。

一見、意味がないようにも見える「曲線を直線に見立てる」という考え方ですが、実はこれが重要なのです。

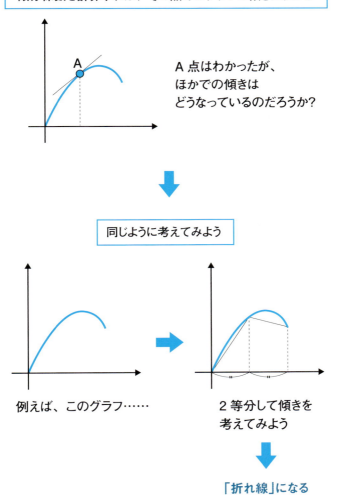

まずは大ざっぱに考えてみる
多くの学問で用いられる「近似」

　前項では、曲線の傾きを求めるのが難しいので、かなり乱暴に2分割して、「曲線のグラフ」を「2つ折りの折れ線グラフ」に置き換えてしまいました。さて、この2つ折りの折れ線グラフを、改めてよく見てみましょう。

　折れ線の傾き具合を見てみると、中央の仕切線を境に、原点側は右肩上がりの増加に、反対側は右肩下がりの減少になっています。もとのグラフを見ると、確かにある点を境に、右肩上がりから右肩下がりに転じていることがわかります。また、形はいびつですが、どちらも上に出っ張ったような形をしているのがわかります。

　こうしてみると、かなり乱暴な置き換えをした割には、この折れ線はもとの曲線の雰囲気を残しているといえるでしょう。

　折れ線ということは、直線を組み合わせたものですから、中央をはさんだ2種類の傾きは、簡単な計算で求められます。つまり、大ざっぱながら、ここまでの知識だけで「分析らしきものはできる」ことになります。

　では、まずはここまでの知識でなんとか対応できそうなレベルの分析をしてみましょう。曲線を折れ線に置き換えれば、傾きの計算ができそうだからです。その中で、数学らしく分析をしていきましょう。

　このように、「物事を簡単に理解できることに置き換えて、大ざっぱに捉えてみること」を近似といいます。最初から完璧を求めずに、「まず、近似することで、理解してみる」という方法は、多くの学問で行われています。

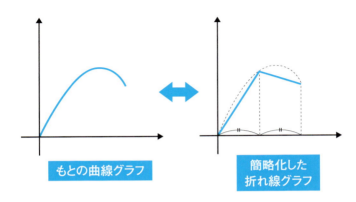

かなり大ざっぱだが、傾向はよく表している

曲線の傾きを求めるのは難しいが、
直線の傾きなら何とか求められそう

そこでまず、曲線グラフを折れ線グラフに置き換えて考えてみる

2-11 2分割を4分割にしてみる
もとの曲線グラフに近づいた！

　前項の「曲線グラフの傾きを、折れ線グラフの傾きで考えてみる」というアプローチですが、いちばん簡単な2分割の折れ線グラフでは、確かにそれなりに、もとの曲線グラフの雰囲気はあるものの、「これで分析できた」というには、あまりにも心もとないものでした。

　そこで、もう一歩踏み込んだ考察をするにはどうしたらよいか考えてみましょう。もちろん、数学的に納得できるような分析方法でなくてはなりません。

　前項で2分割した折れ線グラフを、今度は4分割して考えてみたらどうでしょうか？　4分割した折れ線グラフは、右ページ下図です。

　2等分したときのグラフと見比べると、4等分したときのグラフのほうが、より実際の曲線グラフの姿に近づいていることは一目瞭然でしょう。つまり、より実際に近い分析ができるということになります。

　このような、グラフの2分割、グラフの4分割などというと、機械的な操作という印象を受けるかもしれません。確かに折れ線の決め方は、単純な2分割や4分割ではなく、それぞれの曲線グラフに合わせて、1つ1つ最適な分け方があり、よりよい折れ線グラフの形があるかもしれません。

　しかし、数学というものは、どんなものに対しても適用できることが大事なので、このように曲線グラフの形にとらわれない（どんな曲線グラフであっても対応できる）分析方法が、結果としてはいいものを生み出していくのです。

折れ線グラフを曲線グラフに近づける

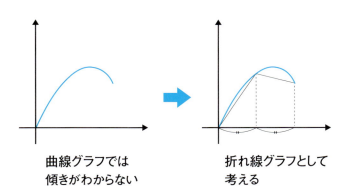

でも、やはりこれだけでは数学っぽくないので、
もう少し細かくしてみる

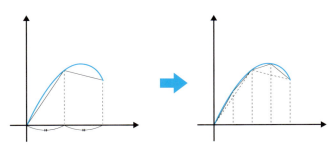

2分割から4分割にしてみると……

4分割にすると、2分割のときより かなり曲線グラフに近づく!

2 どんどん細かくするとどうなる？
2/12　分割する数を限りなく大きくする

　引き続き、曲線グラフの傾きを、折れ線グラフとして考えていきましょう。折れ線グラフを2分割から4分割に増やすと、できあがった折れ線グラフが、もとの曲線グラフにより近づくことがわかりました。

　そこで、この考え方をもっと進めれば、よりもとの曲線グラフに近い折れ線グラフとなっていくことが簡単に想像できるでしょう。つまり、分割数をどんどん増やしていくのです。折れ線グラフを分割すればするほど、折れ線グラフをもとの曲線グラフに近づけることができるわけです。ただし、このとき、等分に分割することが、数学として守らなければならない最低限の条件となるので、それだけは注意しましょう。

　さて、「すればするほど」「近づく」という言葉ですが、前にも似たような考え方が出てこなかったでしょうか？　そう、1-16で出てきた極限という考え方です。

　つまり、分割すればするほどもとの曲線グラフに近づくのですから、分割数を無限に大きくすれば、もとの曲線グラフに「いくらでも」近づくのではないか、と考えられるのです。つまり、ここで極限の考え方を適用すると、折れ線グラフで近似することは、数学として正しいアプローチ、ということになりそうです。このことを「極限流」に書いてみると、「分割する数→∞ならば、折れ線グラフの傾き→(何か)」となります。

　こうして、「曲線グラフの傾きを、折れ線グラフの傾きとして見ることは、数学として意味を持ちそうだ」ということがわかってきました。

折れ線グラフの行き着く先は……

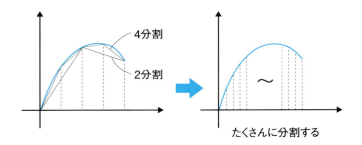

2分割から4分割にして、
さらにどんどん分割していくと、
だんだん曲線の形に近づいていく

そこで、

> 分割する数を限りなく大きくしてしまおう

分割する数を限りなく大きくしていくと、
折れ線という考え方に「極限」の考え方を適用できる。
つまり、

「分割する数→∞」

ならば

「傾き→（何か）」

折れ線の数を無限に増やしたら？
折れ線グラフの幅は無限に小さくなる

　さて、曲線グラフの傾きを折れ線グラフとして考える話に、どうやら道筋が見えてきたところで、これまでの話をもう少し数学っぽく考えてみましょう。まず、「曲線をたくさんの折れ線に等分する」という表現ですが、これだと数学の表現としては、少しあいまいです。そこで、「等分する」ということを、「一定の幅で等分割する」といい直すと、いかにも数学らしく聞こえてきます。この幅を「h」と呼ぶことにして、「幅hで等分割する」ということにしましょう。

　そうすると、たくさんあるうちのどの折れ線をとっても、その折れ線の傾きを考えられます。もちろん、とる位置によって傾きの値は変わってきますが、その値の決まり方は、もとの曲線の関数に依存しています。そこで、関数の記号f(x)を使うことで、折れ線の位置によらず、どこの傾きをとっても見かけの数式は同じようになることが、右ページからわかるでしょう。

　右ページの図は、どこでもいいからxという点を1カ所ピックアップしたとき、そこを通る折れ線の傾きがどうなるかを示しています。ここで、折れ線の数を無限に増やすとどうなるでしょうか？　折れ線の数を増やせば、1つ1つの折れ線の幅は小さくなって、いくらでも0に近づきます。いい換えれば、hを0に近づけたときの極限を計算する、ということになります。それを式として書いたのが右ページ下の式です。微分係数を求める式に似ていますが、微分係数の「a」という記号は、値が決まっていました。しかし、今回の「x」という記号は、何を入れてもかまわないという点で異なっています。

折れ線と微分係数

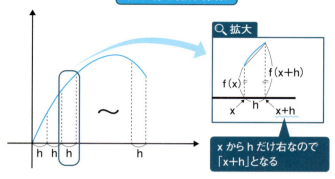

幅「h」ごとに等分割する

折れ線の傾きを考えると、$\dfrac{f(x+h)-f(x)}{h}$

分割の数を無限に大きくすると

1つ1つの折れ線の幅は、0に「限りなく」近づく。
第1章で出てきた極限の記号「lim」を使うと、
以下のような式になる

$$\lim_{h \to 0} \dfrac{f(x+h)-f(x)}{h}$$

第1章に出てきた微分係数にそっくりだ

2/14 x方向の増分「dx」、y方向の増分「dy」
傾きが $\frac{dy}{dx}$ の折れ線グラフが無限にある

　さて、曲線グラフの傾きを折れ線グラフで考えていくことで、「微分」という概念に近づきつつあります。次に、前項で数式で表した部分を、もっと一般的な記号で置き換えてみましょう。ここまで、「数式」や「数値を表す記号そのもの」で考えてきましたが、これをいい換えます。

　つまり、幅が同じ折れ線で曲線グラフを区切っていったわけですが、このx方向の幅をΔx、y方向の垂直の幅をΔyと呼び、それぞれ**x方向の増分**、**y方向の増分**と呼ぶことにします。「増分」というと聞き慣れない言葉かもしれませんが、例えば、価格の「差額」などと同じように考えてかまいません。

　そうすると、1つ1つの折れ線の傾きは、$\frac{\Delta y}{\Delta x}$ という簡単な形で表せます。Δxは前項で「h」といっていたので変わりありませんが、関数記号が複雑だったΔyのほうは、ずいぶんすっきりさせることができました。

　さて、ここで「折れ線を無限に多くする」という手順を踏むのですが、この「無限に細かい折れ線」というのは、あくまでも私たちの頭の中で考えただけであって、実際には存在しません。ですから、これまでの考え方では表現できません。

　そこで、dxやdyという新しい記号が登場するわけです。第2章で出てきた「いくらでも近づけることができる」という「無限」の考え方に含まれるあいまいな部分を、すべてdxという記号に任せてしまうのです。

　そして、結論としては、傾きが $\frac{dy}{dx}$ である折れ線が無限にあると考えるのです。

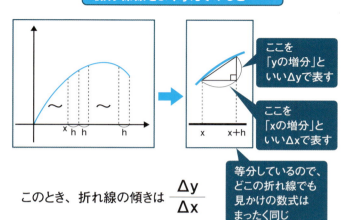

このとき、折れ線の傾きは $\dfrac{\Delta y}{\Delta x}$

しかし、無限に細かい折れ線は、実際には存在しない

そこで、dxやdyという新しい記号を用いる

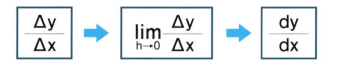

この場合、傾きが $\dfrac{dy}{dx}$ の折れ線が「無限にたくさんある」と考える。ただし、傾きは場所によって違う

2-15 導関数とは何か？
導関数を求めることは微分すること

前項で出てきた $\dfrac{dy}{dx}$ は、各点における曲線グラフの傾きを表したものでした。つまり、微分係数の集まりと考えてさしつかえありません。ただし、曲線グラフの場合、点によって徐々に傾きが変わるのが普通ですから、微分係数という決まった数のような言い方はできません。つまり、$\dfrac{dy}{dx}$ というのは、xとその点における曲線グラフの傾きの関係を表すものであり、微分係数を表す関数といえるのです。

このような、微分係数を表す関数のことを導関数と呼びます。もとの曲線グラフを表す関数から「導かれる」ので導関数といわれます。ここまで述べてきたような極限計算を実際に行うことで、この導関数を求めることができます。

そして、導関数を求めることを「微分する」といいます。物事を分析するために、それを表す関数を微分して導関数を求め、その導関数を考察することで、微分の目的である最大値・最小値を求めたりできるのです。

そういうわけで、第1章と一部重複する部分もありましたが、微分の意味をおわかりいただけたのではないでしょうか？「ある点での傾きを求める」という微分係数の考えを、「関数のどこの傾きでもわかるように拡大したもの」が、微分の考え方の基本といってもいいのです。

次項からはまず、「微分を使って物事をどのように分析していくか」を説明した後、簡単でわかりやすい例を使って、実際に微分を使って問題を解決する過程を見ていきます。実際の例にあてはめることで、「微分の考え方」が理解できます。

導関数は微分係数を表す関数

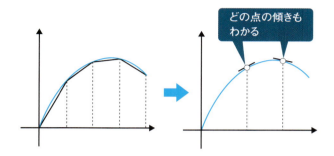

どの点の傾きもわかる

曲線グラフを折れ線グラフと見なし、
その極限を求めることで、
好きな点の傾きがわかるようになった

しかし

傾きは場所によって違う

そこで「傾きを表す関数」が必要

これが「導関数」といわれるもの

微分による問題の分析とは？
物事を数式で表し、分析する

　実際に微分計算を進めていくにあたり、まずは微分を使った分析の枠組みから考えていきましょう。微分を使った分析には、
　①物事を数式として表す能力
　②その数式自体を「分析」する能力
の2つが必要です。実際には数学ということで、分析する物事を数式に置き換えた上で、その数式を分析するという手順を踏みます。

　関数を微分するという意味の記号は、前項や第1章で出てきた、yをxで微分する記号である$\frac{dy}{dx}$を用い、yをf(x)で置き換えて用います。しかし、関数の中の微分する記号が明らかな場合（変数がxだけのような場合）、多くは関数記号のfに「'（ダッシュ）」をつけ、f'として表します。このf'は導関数を表す記号です。微分係数とxの関係を表す関数で、「もとの関数を導く」というところから名付けられています。

　第1章で微分係数を求めるときは、xをhだけずらした場合の傾きを考えて、hを0に近づける極限計算を行いました。しかし、実際の微分の計算でいちいちそんなことをしていては大変だし、同じような計算を繰り返しても仕方がありません。

　そこで、基本となる微分計算をあらかじめ覚えておいて、それらを適宜組み合わせることで、複雑な関数を微分し、導関数を求めます。微分計算で注意しないといけないのは、公式を使うべきところと、そうでないところを的確に判断する必要があるということです。そのコツさえつかんでしまえば、微分は割と簡単な計算になってしまうのです。

微分を使った問題の分析

問題が与えられる

問題1 あるものの価格を分析したい

問題2 自転車のフレームにかかる力は?

それを数式に置き換える

具体的には、$f(x) = 3x^2 + 4x + 1$ のようなもの

微分する

導関数を求めて、それをもとに考察する

$$\frac{dy}{dx} = f'(x)$$

※「'(ダッシュ)」は「1度微分した」という意味

分析できる!

2-17 関数は実際にグラフを書いて分析する
正確な分析の秘訣

「微分を使って物事を分析する」というと、数式だけを処理すればいいと考えがちですが、必ずしも数式さえ見ていればいいというわけではありません。ここでは、数式の意味を実感するためにどうしたらいいか考えてみましょう。

微分を使って問題を解決しようとする場合、微分の計算だけなら、教科書に載っているような公式を使って計算すれば解けてしまいます（数式の意味はわからなくても）。

ところが、物事の分析は、ここからがむしろ本番です。微分の計算は分析のための入口に過ぎないともいえるのです。ちなみに微分積分学の世界では、こういった数式の分析のことを解析といいますが、本書では、あえてわかりやすく、分析という言葉で統一しています。

数式を処理するだけで問題を解決できる場合もありますが、実感を持って関数を分析するには、その関数のグラフを書いてみるのがいちばんです。グラフを書くと、計算間違いを見つけやすくなったり、思わぬミスを防げます。まずは、グラフが書けるようになるのが肝心です。

この後、実際に例を挙げて解説していきますが、微分の計算自体は、基本となる公式を覚えた上で、ちょっと計算練習すれば、割と簡単にマスターできます。それから、おっくうがらず、セオリー通りにグラフを書いて考察してみることが、正確な分析には重要です。

次項からは、グラフをまとめるにあたって大事な考え方を紹介していきましょう。

問題解決の手順

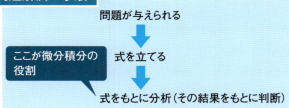

例えば、f(x)＝2x³＋3x²－12x＋3という式
微分すれば、式だけでも分析できる

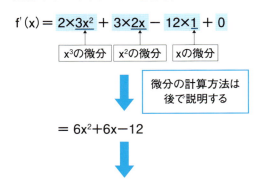

$= 6x^2 + 6x - 12$

わかりにくい（説得力がない。ミスしても気がつかない）

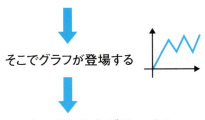

そこでグラフが登場する

微分することで数式をグラフ化し、わかりやすくする

導関数が0になる点を探す
関数の傾きを表す導関数

　導関数は、微分を計算すると誰でも導き出せますが、それをどのように「料理」していくかを考えてみましょう。

　前述したように、導関数は、「x（ここでは位置）とそのxでの微分係数の関係」を表す関数です。微分係数はその点における関数のグラフの傾きなので少しややこしいのですが、導関数は関数の傾きを表す関数です。

　さて、ここで、グラフの傾きが正の場合を考えると、どのような形であっても、とりあえず関数のグラフは右肩上がりで増加していることは間違いありません。逆に傾きが負の場合は、右肩下がりに減少します。

　ここで知りたいのは、関数が「増加しているか」「減少しているか」だけなので、さしあたり具体的な傾きの値は必要ありません。大切なのは、グラフのだいたいの形をつかむことです。

　すると、何度も述べていますが、導関数が正から負、あるいは負から正に変わる点、すなわち、導関数が0になる点を探すことが非常に重要になってきます。

　導関数については、0になる点以外は、正か負かだけがわかればいいので、それ以上くわしく調べる必要はありません。そうなると、導関数が0になる点を、方程式を使って導き出せばいいことになります。正か負かということは、導関数の形を見ればなんとかわかるものです。実際に適当な数字を代入して調べてもかまいません。

　それでは、そのようにして出した「導関数が0になる点」の意味を、次項で探ってみましょう。

導関数とグラフの傾き

導関数 $f'(x)$ ＝ 関数 $f(x)$ の傾きを表す関数

$f'(x)$ の傾きが

正のとき（↗） $f(x)$ の値は増加 グラフは右肩上がり

負のとき（↘） $f(x)$ の値は減少 グラフは右肩下がり

つまり、**導関数の正負**を調べれば、**関数の増減**の傾向がわかる

重要なのは、正と負の境目になる点、つまり、
導関数が0になる点

2/19 極大点(値)・極小点(値)と最大点(値)・最小点(値)
近場で見るか、全体を見るか

　導関数が0になる点は、関数のグラフの接線の傾きが水平になる点のことでもあります。その点の周りの極めて狭い範囲だけを見ると、その導関数が0になる点は、値がいちばん大きいか、いちばん小さくなっています。大きい点は極大点、小さい点は極小点といい、それらの値は極大値・極小値と呼びます。ちょうど、上か下に出っ張っている点のことです。極大点・極小点は、その周りの中ではいちばん大きかったり、小さかったりする点ですが、関数全体を見てみると、もっと大きい点や小さい点がほかにあることもあります(ない場合もあります)。これが、最大・最小となる点で、それぞれ最大点・最小点といいます。

　関数の条件によっては、両端の点を含んだ区間のように、何らかの形で定義域が指定されている場合があります。このような場合、最大点・最小点は必ず存在します。「ここからここまで」という領域が設定されているのですから、その域内で最大点・最小点を見出すのは簡単です。ただし、このとき、最大値・最小値が極大値・極小値と一致することもあれば、一致しないこともあります。それゆえに極大点・極小点のほかに定義域の両端の点も確認し、最大値・最小値を求める必要があります。

　定義域が実数全体の場合、関数の性質によっては、最大値・最小値が存在しない場合もあります。その多くは、無限大か無限小になるのが原因です。それでも、極大値・極小値が存在する可能性はあります。微分の計算には、最大値・最小値を求める目的のほか、化学の計算などでは極大値・極小値を求める目的の計算もかなり存在します。

極大点・極小点とは?	→	導関数の値が 0 の点

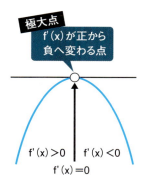
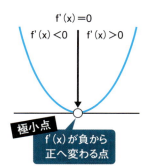

最大値・最小値とは?	→	関数の中で最も大きい値と小さい値。極大値・極小値と一致することもあれば、しないこともある

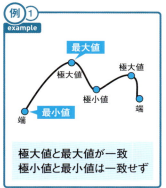

例①
極大値と最大値が一致
極小値と最小値は一致せず

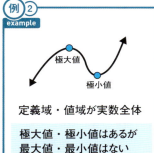

例②
定義域・値域が実数全体
極大値・極小値はあるが
最大値・最小値はない
(無限大・無限小)

100mのロープでつくれる最大の花壇は?
花壇にもいろいろな形があるが……

　ここまで、微分の考え方について説明した上で、それをどうやって分析に使っていくか、話を進めてきました。ここでは、実際に簡単な問題を解きながら、ここまでの一連の手法をどのように適用していくか、実際の計算を交えて考えてみましょう。

　ここに長さ100mのロープがあります。このロープを使って空き地に花壇をつくるとします。このとき、四隅に棒などを立てれば、長方形の花壇をつくれます。ただし、棒に結びつける分のロープの長さは考えません。

　土地には余裕があるので、できるだけ大きな面積の花壇にしたいと考えています。

　となると、問題になるのは花壇の形です。どういう形のものがいちばん大きい面積なのでしょうか?

　「いちばん面積が大きいのは長方形だ」という人がいるかもしれませんが、長方形と一口にいっても、縦長、横長など、いろいろな形があります。

　「細長ければ、細長いほどよい」と考える人もいるでしょうし(やりすぎると、単にロープを2つ折りしただけになってしまいますが)、「正方形の花壇の面積が、いちばん大きいのでは?」と考える人もいるでしょう。

　人は、パッと見ただけで、それらしい理屈でものを語りがちですが、それではきちんとした分析とはいえません。

　ここでは、ロープの長さを変えずに、いろいろな大きさの四角形をつくった場合、面積がどのように変化していくか、微分を使って分析してみることにしましょう。

いろいろな大きさの花檀

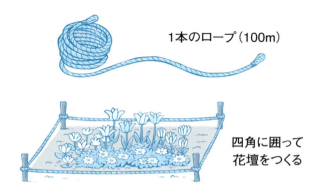

1本のロープ（100m）

四角に囲って花壇をつくる

同じ長さのロープでも、いろいろな大きさの花壇ができる

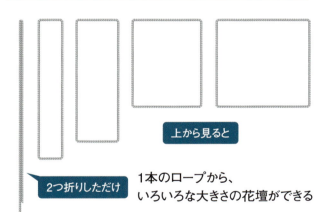

上から見ると

2つ折りしただけ

1本のロープから、いろいろな大きさの花壇ができる

この中でいちばん大きい（面積が広い）花壇はどれか？

現実の世界の問題を数学の問題にする
「花壇の面積」は「四角形の面積」

100mのロープ1本で花壇をつくる――このような、身近ではありますが、なかなか数学とは縁のなさそうな問題を、どうやって数学として見ていけばいいのでしょうか？ これは結構難しい問題です。

微分積分は、計算自体は多少難しい部分があるにしろ、見よう見まねで練習すれば、なんとか計算できるようになります。しかし、微分積分でいちばん難しいのは、微分積分の計算そのものではなく、実際の問題を微分積分で解けるように、どうやって数学で「表現」するかということなのです。つまり、ひらめきが重要になってくるのです。その後は「腕力」で微分積分の計算をするだけです。

今回の場合、「花壇の面積」ですが、実際に求めるのは「四角形の面積」です。縦がaで横がbの四角形を考えてみましょう。すると、右ページの図のような四角形ができます。ここで、この四角形を伸ばして一直線にしてみると、その下の図のように、b + a + b + a = 2(a + b) の長さを持つ直線となります。

ロープの長さは100mでしたから、この場合、2(a + b) が100mになるわけです。このとき、この長方形の面積はa × b (m²) です。

つまり、100mのロープを使ってできる花壇の面積を分析するということは結局、「4つの辺の長さの合計が100mの四角形の面積は、どうなっているのか」という数学の問題に置き換えられます。そして、ここから微分を使って問題を分析します。

それでは次項から、実際に、微分を使ってこの問題を解いていくことにしましょう。

問題を数学的に置き換える

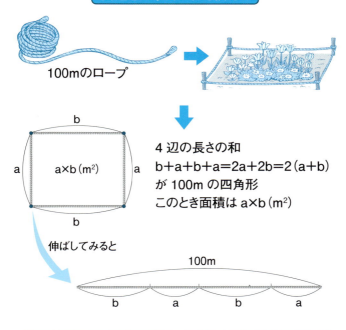

決まった長さのロープで、
なるべく広い花壇をつくる

4つの辺の合計が100mの四角形の面積は、
どうなっているのか？

ここから微分を使って分析する

2-22 縦の長さをとりあえずxと置いてみる
まず1つ、仮に決めるのが大切

　ここから実際に面積を分析していきますが、微分の場合、「微分する対象の式」がないと何もできません。そこで、先ほどの、縦がa、横がbの四角形を思い出してみましょう。

　まず、縦の長さに注目して、縦の長さをとりあえずxと置いてみます。この「とりあえず」というのが、微分のアイデアを出す上で重要なことです。何かを1つ考えたとき、残りがどうなるかを考え、ダメならまた別のことを考える、というように、試行錯誤を重ねることが重要です。

　まず、縦の長さを決めると、横の長さはどうなるでしょうか？　ロープの長さは100mと決まっているので、縦の長さを決めてしまえば、横の長さも必然的に決まってしまいます。縦と横の長さが決まれば面積も決まります。

　つまりここでは、縦の長ささえ決めてしまえば、面積も決まることになるわけです。

　前項で出てきた、$2(a+b)=100$という関係を使えば、$a+b=50$です。縦(a)をxと置けば、横(b)は$b=50-x$です。面積は、縦×横なので、$x(50-x)$です。面積をSとして、式を展開すると、$S=50x-x^2$となります。

　ここで注意したいのは、この関数の定義域です。面積なので定義域が正の値をとることはわかりますが、今回の場合はロープの長さに限りがあるので、xには上限があります。100mのロープを縦に2つ折りしたときの50が上限となります。

　こうして、面積を表す関数が導き出せました。次項からは微分の計算方法を交えて、実際に計算していきましょう。

問題を数式に置き換える

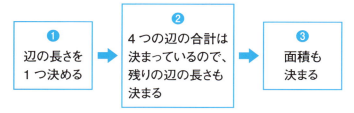

とりあえず、aをxと置いてみる

② $2(a+b)=100$ なので、$a=x$ と置くと
$x+b=50$ より、

$b=50-x$ となる

③ （四角形の面積）＝（縦の長さ）×（横の長さ）
なので、縦の長さ x の花壇の面積 S は、
$S=x(50-x)$

$=50x-x^2$

ただし、x は 0〜50 に制限される。つまり、

定義域は $0 \leqq x \leqq 50$

Sはxの関数（ここでは2次関数）になる

2-23 微分の公式 $(x^n)' = nx^{n-1}$
シンプルで覚えやすい

　関数を求めることができたので、今度は微分する必要があります。しかし、これまでのように、いちいち計算するのではなく、公式を使うと便利です。第1章の最後で計算した関数と導関数を並べたのが、右ページの図です。これらをよーく眺めてみると、実は1つの傾向があることに気がつきます。

　まず、関数を微分すると、その次数（何乗という部分）が、導関数の係数になります。さらに次数が、それに対応する関数の次数より1乗だけ少なくなります。つまり、もとの関数が2乗なら導関数は1乗に、3乗なら2乗に、n乗ならn−1乗になるのです。

　xの正の整数乗で表される関数では、右ページのような微分の公式が成立しています。なお、この証明には二項定理という数学の定理が必要になってくるのですが、ここでは話を簡単にするため、あえて結果だけ用います。

　これは非常に覚えやすい公式です。なぜなら、もとの関数の右肩にある数字を前に持っていき、さらに右肩の数字から1を引けば、あっという間に微分を計算できるからです。この公式は微分の計算に絶対必要なので、しっかり覚えましょう。

　ここで、もう1つ新しい記号を説明します。（　）'という記号です。この記号は、「カッコ内の関数を微分する」という意味で使われます。実は微分の記号にはいろいろあり、特に微分される記号がはっきりしている場合は、それらのうちから適当に選ばれて使われる傾向があります。いろいろな記号を覚えるのは大変なのですが、慣れてくると必要に応じて自然に使い分けてしまうものなのです。

微分の公式はシンプルで覚えやすい

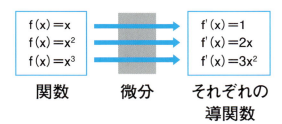

$f(x)=x$ → $f'(x)=1$
$f(x)=x^2$ → $f'(x)=2x$
$f(x)=x^3$ → $f'(x)=3x^2$

関数　微分　それぞれの導関数

➡ $f(x)=x^n$ ならば $f'(x)=nx^{n-1}$
※ n は整数であれば何でもいい

微分の公式　$(x^n)' = nx^{n-1}$

係数　次数

※（　）'とは、（　）内の式を微分するという意味

覚え方

x^n → $n-1$

右肩の数字を□に移して、数字を1つ減らす

例 example

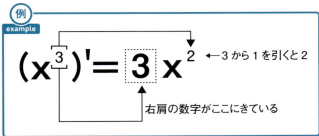

$(x^3)' = 3x^2$　← 3から1を引くと2

右肩の数字がここにきている

「多項式」を微分するには?
1つずつ分けて微分する

　微分して導関数を求める公式は前項でわかりましたが、先ほど求めた花壇の面積の関数 ($S = 50x - x^2$) は、この公式だけでは微分できそうにないように見えます。

　分析する現象を式として表現すると、いくつかの要素を足し合わせたような、一見、複雑な式になってしまいます。この式を、微分係数を求めたときのように、「xをhだけずらして……」とやっていくのは大変です。

　しかし、このような形の関数でも、簡単に微分できます。limの計算 (1-19) でも、多項式と呼ばれる関数を足し合わせたような関数を計算しましたが、そのときと同じように、**微分の計算も1つずつ分けて行う**のです。また、**関数に係数がついている場合は、とりあえず係数のない状態で微分して、それから係数を掛け合わせればよい**のです。

　この2つのやり方を組み合わせると、右ページのように、一見、複雑な計算も、簡単に解けることがわかるでしょう。要は、いったん1つ1つの部分に分けたあと、公式にしたがって解いていくのです。

　ここで注意したいのは、**微分して出てくる係数と、もとから関数にかかっている係数を、きちんと掛け合わせなくてはならない**ことです。ここで混乱して、せっかくの計算を誤ってしまうことがとても多いのです。慣れないうちは、計算の経過を丁寧に書き記しましょう。

　さて、微分の計算がだいたい理解できたところで、次は実際に微分を使って関数を分析する方法を見ていきましょう。

微分は「1つずつ」すればOK

lim と同じように、1つずつ分けて微分できる

⬇

$\{f(x)+g(x)\}'=f'(x)+g'(x)$
$\{af(x)\}'=af'(x)$

組み合わせて……

$$\{af(x)+bg(x)\}'=af'(x)+bg'(x)$$

例 example

$f(x)=50x-x^2$
$f'(x)=50\times \boxed{1}+(-1)\times \boxed{2x}$

⬆ 微分　　⬆ 微分
　x　　　　x^2

$=50-2x$

多項式の微分は、x^n の微分の公式を使って、1つずつ行えばいい

2-25 xで微分して面積の変化を分析する
xが0なら面積は0、xが10なら面積は400

　前項までで、微分の計算方法の概略が理解できたと思います。ここでは、前項で求めた「花壇の面積を表す関数」（$S = 50x - x^2$）について考えてみましょう。

　例として、xが0のときを考えてみましょう。

　xに0を代入すると、関数の値は0、すなわち面積は存在しないことになります。これは、縦の長さが0、すなわちロープを2つ折りしただけの場合に相当するので、当然、面積は0になることと一致します。ぴっちりとロープを2つ折りしたら、花を植えるスペースはまったくありません。

　次にもう1つ、xが10のときを考えてみましょう。

　xに10を代入すると、関数の値は400になります。これは、縦が10mだと、横は40mになるので、400m²の面積を持つということと一致します。

　このように関数と実際の花壇の面積を比べてみたところで、次は実際にこの関数を微分してみましょう。計算方法は前述したので、ここでは簡単な説明にとどめますが、縦の長さxを変化させたときの面積の変化を調べているので、xで微分します。これにより、面積の変化を分析できます。

　実際の手順は、先ほどのように「1つずつ微分していく」のが基本です。実際の計算は右ページの通り、1次関数と2次関数の微分となります。

　2-24の手順にしたがって、1つずつ計算すると、ここでの導関数は$S' = 50 - 2x$となることがわかりました。2次関数の導関数なので、1次関数となって導関数が出てきたのです。

花壇の面積を表す関数を微分する

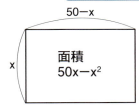

$$S = 50x - x^2$$

花壇の面積はxに応じて変化する

例1

$x=0$、$S=0$

ロープを折っただけだから、面積は0（花を植えられない）

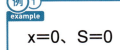

例2

$x=10$、$S=50×10-10×10=400$

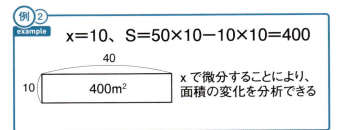

xで微分することにより、面積の変化を分析できる

Sをxで微分

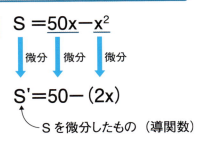

$$S = 50x - x^2$$

↓微分 ↓微分 ↓微分

$$S' = 50 - (2x)$$

← Sを微分したもの（導関数）

導関数が0になる点を計算する
xが25のとき、導関数は0になる

　前項で導関数が求められたので、ここからはいよいよ微分計算のクライマックスとなります。ここでは、導関数が0になる点を求める計算に入ります。

　先ほどの計算で、導関数はS' = 50 − 2xと求められました。この導関数の値が0になる点を求めるには、S' = 0という方程式、すなわち50 − 2x = 0となるxの値を求めます。

　これは1次方程式なので、簡単に計算して解けます。計算すると、右ページのように、導関数S'の値が0になるのは、xが25のときです。

　この結果を使って、導関数のグラフを考えてみましょう。導関数は1次関数なので、グラフは右ページのような直線となります。グラフを見ると、x = 25を境に、xが25より小さいときは導関数が正となり、25より大きいと負になることがわかります。xの定義域は、ロープの長さ(100m)から、0〜50の間に限定されており、xが25のとき、導関数は0になります。

　これらを頭に入れた上で、「xが25のときの花壇の面積」を求めます。これは、xに25を代入すれば計算できます。これで、この関数について必要な情報がそろいました。

　関数についてのこれらの情報は、一覧表にしてまとめると便利ですし、後で間違えにくくなります。関数についてのこれらの情報をまとめるには、右ページのような増減表というものを用いるのが一般的です。

　次項では、微分してわかったことを、この増減表にまとめて、情報をどのように分析していけばいいのか考えてみましょう。

導関数の値が 0 になる点を求める

$$S = 50x - x^2$$

↓ 微分（1つずつできる）

導関数 $S' = 50 - 2x$

$S' = 0$ となる点は、
方程式 $50 - 2x = 0$ を解く

$2x = 50$　　<u>$x = 25$ で $S' = 0$</u>

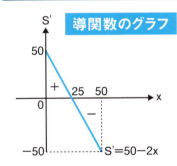

導関数のグラフ

$0 \leqq x < 25$ で、$S' > 0$
$x = 25$ で、$S' = 0$
$25 < x \leqq 50$ で、$S' < 0$

増減表

x	0	⋯	25	⋯	50
S'(x)	+	+	0	−	−
S(x)	0	↗	625	↘	0

$S(25) = 625$ より

定義域が指定されているときは、両端の情報も入れるといい

2/27 増減表をつくる
情報を整理する

　前項で導関数が0になる値が求められたので、すぐにでもグラフを書きたいところですが、その前に、前項で軽く触れた**増減表**が必要です。増減表は、**xの値によって導関数f'(x)や関数f(x)がどう変化するのかを表にまとめたもの**です。ここまで、導関数S'(x)を求めて関数S(x)についての情報を集めていたわけですが、集めた情報をきちんと整理することは非常に大切です。そのために、増減表をまとめるのは重要なことです。

　増減表を書く前に、ここまででわかった情報を整理しましょう。直接計算してわかったのは、「xが25のとき、導関数が0になる」ということです。関数S(x)のxに25を代入すると、関数S(25)の値は625とわかります。次に、導関数S'(x)の値が「正と負のどちらをとるか」です。これは前項で、「xが25より小さいときは正」「xが25より大きいときは負」であることがわかりました。つまり、xが25より小さいときに関数S(x)の値は増加し、xが25を過ぎると減少に転じるということです。

　以上をまとめれば増減表ができます。いちばん上の行はxの値です。真ん中の導関数S'(x)の行は、「符号（＋か－）」か「0」を記入します。いちばん下の関数S(x)行は、導関数S'(x)をもとに埋めていきます。導関数S'(x)の値が正のところには増加を意味する右斜め上向きの矢印を、負のところには減少を意味する右斜め下向きの矢印を記載し、具体的に値がわかっている点には値を書き込みます。こうして**増減表が完成すれば、後はグラフを書くだけ**です。関数S(x)の行の矢印を見るだけでも、関数S(x)のだいたいのイメージをつかめます。

グラフを書く前に増減表をつくる

増減表 　微分計算の結果を中心に、関数の情報を書き込んだ表

これまでにわかったこと

$S(x) = 50x - x^2$
導関数は、1次関数 $S'(x) = 50 - 2x$
$S'(x) = 0$ となるのは、$x = 25$
これから、$x = 25$ のとき
$S(25) = 50 \times 25 - (25)^2$
　　　　$= 1250 - 625$
　　　　$= 625$

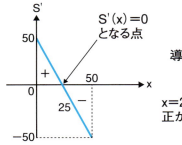

導関数の正負

⬇

$x = 25$ を境に、正から負に変わる

増減表

x	0	…	25	…	50
$S'(x)$	+	+	0	−	−
$S(x)$	0	↗	625	↘	0

2 グラフを書いて最大値を求める
28
最大値は x = 25、花壇の面積は 625m²

　前項で増減表が完成したので、いよいよグラフを書いていくことにしましょう。グラフを書く前に、ここではまず**xとSの2次元座標**を用意します。次に、増減表から (x, S) = (25, 625) が極大値になることがわかるので、これを座標の上にプロット（点を打つこと）します。続いて、定義域の両端の点 (0, 0) (50, 0) をプロットします。これで、増減表からわかることを全部、xとSの2次元座標に記しました。

　増減表の矢印がグラフの概形をイメージしていることは、前述しましたが、ここでも同じです。この3つの点を結ぶように、滑らかに矢印の傾向に合わせて、だいたいの形を描いていけばグラフは完成です。ここでは、上に出っ張ったカーブを描けばかまいません。

　このとき、**値を厳密に考えなければならないのは、最初に点を打った3点だけ**です。あとは、だいたいの感じがつかめるようなグラフになっていれば十分です。あまり神経質になる必要はありません。もし、これら3点以外の情報が必要なら、関数の式に、必要なxを代入すればいいからです。

　グラフが完成したら、あとは**最大値**を求めるだけです。前述しましたが、**最大値を求めるには極大点（値）（導関数が0になる点）と、定義域の両端の点の値を調べる必要**があります。

　そこで、極大値と両端の値を比較すると、極大値のほうが大きくなります。つまり、ここでは極大値と最大値は一致して、xが25のとき、花壇の面積は625となって、いちばん大きくなるのです。これで、微分を使って問題を解決できました。

最大値を求める

$$S = 50x - x^2$$

増減表

x	0	…	25	…	50
S'(x)	+	+	0	−	−
S(x)	0	↗	625	↘	0

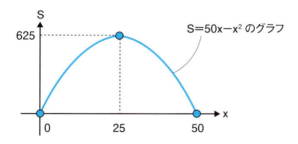

両端の点	ともにS=0
極大値	x=25のときS=625
極小値	ここではない

定義域の両端の値と極大値・極小値を比べて最大値・最小値を求める

よって、最大値は x=25 のとき。そのときの花壇の面積は 625m²

求めた結果の考察も大事
直感の正しさを微分で裏付けた

　さて、微分計算の結果、100mのロープを使って花壇をつくると、いちばん大きい面積になるのは、縦の長さが25mのときであることがわかりました。普通ならこの結果を得られさえすれば、それで満足してしまうでしょう。特にそれで困ることもありません。

　しかし、ここで少し、この結果の数字にこだわってみましょう。「縦が25m」というのは、ロープの長さ（100m）の4分の1です。すなわち、この花壇は正方形をしていることがわかります。「正方形の花壇がいちばん大きそうだ」ということは、確かにいわれてみれば納得できる、極めて直感的な予測かもしれません。

　勘の鋭い人ならば、計算しなくても「正方形の花壇がいちばん大きいのでは？」と思うかもしれませんが、数学というものは案外、こういった「自然の偶然」を含んでいます。このような数学が織りなす一種の偶然に魅せられる人は結構多いのです。こういった問題を解く過程を、単なる計算としてではなく、「自然の摂理を見いだす手段」として考えることができれば、数学をもっと楽しく、奥深いものとらえることができます。

　微分積分を使って客観的に計算することで、物事の意外な一面を発見できたり、逆に今回のように、割と当たり前の結果を確認できたりすることがあります。世の中の技術などにも、このように冷静に計算した結果、導かれた理論体系などがたくさんあります。微分積分をマスターすることで、何か新しい発見に結びつくような計算が、あなたにもできるかもしれません。ですから、そのときは、計算結果だけにとらわれず、結果の数字が持つ意味を考察することが重要です。

微分の結果を考察してみる

これまでの計算より

最も花壇の面積が大きくなるのは、
x＝25（縦の長さが25m）のとき

つまりこれは……

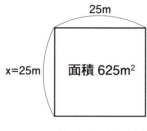

一辺 25m の正方形！

25×4＝100m（ロープの長さ）

いわれてみれば、確かに正方形がいちばん大きそうだ……

計算結果は直感を裏付けた！

微分積分を使って客観的に計算すると、
意外な結果が出ることもある

結果を考察することが、新しい発見や発明をもたらすこともある

2/30 微分計算の流れを俯瞰する
「微分とは何か」を再確認

　ここまで微分について、どのような考え方から生まれてきたものなのかを説明し、次に最大値を求めることで、具体的な問題を解決する方法を述べてきました。本章の最後では、微分計算の一連の流れをまとめてみましょう。

　まず最初は、与えられた問題をどうやって数学として考えるかが重要です①。具体的には、今回の花壇の面積のように、1つ適当な変数xを決め（今回は縦の長さ）、このxの関数を考えることで、数学の問題として置き換えました。実は、こうやって問題を数式として組み立てるのがいちばん難しい部分で、このような組み立てが上手にできるようになるには、いろいろな問題にあたって経験を積むことが必要です②。

　次に、組み立てられた数式を微分して、導関数を導き出し③、この導関数を使って、導関数が0になる点を求めることで、極値（極大値・極小値）を求めます④。そして、それらのデータを用いて増減表を作成します⑤。

　最後に、増減表をもとに、実際にグラフを書きます⑥。慣れてくると、増減表をつくった時点で問題を解決できることもあります。今回の花壇の計算は割と簡単な例なので、増減表を見れば解決できました。こうして、できあがったグラフをもとに、問題の特徴を踏まえた上で、分析したり、判断したりします⑦。

　本章では、微分の考え方をひと通り学んできました。本書は必要最小限の説明による微分積分の解説を目指していますが、ここで記した考えをベースに、教科書を参照しながら具体的な計算などを練習すれば、もっと難しい計算もできるようになります。

微分計算の流れ

① 問題が与えられる

 問題を数学として考える

② 問題を数式(関数)として組み立てる

③ 微分して導関数を出す

④ (導関数の値)=0 となる点(極大値・極小値)を求める

⑤ 増減表を作成する

 与えられた条件(定義域)に注意する

⑥ グラフを書き、最大値・最小値を求める

⑦ これらを総合して、分析したり、判断したりする

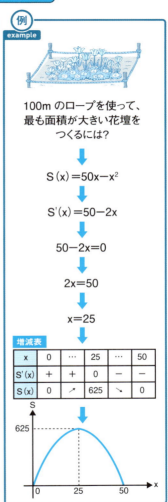

例 example

100mのロープを使って、最も面積が大きい花壇をつくるには?

$S(x) = 50x - x^2$

$S'(x) = 50 - 2x$

$50 - 2x = 0$

$2x = 50$

$x = 25$

増減表

x	0	…	25	…	50
$S'(x)$	+	+	0	−	−
$S(x)$	0	↗	625	↘	0

Column 2

「微分積分の教科書」のルーツは コーシー

　現在の高校や大学で使われている微分積分の教科書は、いつそのスタイルが生まれたのでしょうか？　このルーツをたどると、なんと約150年前に**オーギュスタン＝ルイ・コーシー**（1789～1857年）によって書かれた『王立工芸学校における解析の教程』にまでさかのぼれます。

　彼は典型的な**多産型数学者**で、その著作数は8巻の単行本を含む総計789編にもなりました。当時のパリ科学院が掲載論文に「各編4ページ以内」という制限を設けたのは、洪水のような彼の投稿に対処するためだったとも伝えられています。

　当然、研究分野も多岐にわたりました。本領は**解析学**で発揮されましたが、代数学、光学、弾性論などにも多大な寄与がありました。

第3章

積分って何だろう？

最初に、面積を求める**取り尽くし法**から積分へと話を導きます。微分と積分の表裏一体の関係に触れ、その後、**関数の積分**を説明します。最後に、積分流の考え方を用い、**カヴァリエリの原理**を紹介します。

3-1 ナイル川の氾濫が生んだ積分
正確な面積や体積を知る技術

　ここまで解説してきた微分は、関数で表される物事の分析など、少し取っつきにくい一面を持っていました。それでは、積分はどのような計算方法なのでしょうか？

　積分は、もともと古代エジプト文明で生まれたといわれています。古代エジプト文明はナイル川沿いに栄えましたが、積分が生まれた背景には、毎年、雨期になると川が氾濫を起こし、あたり一面が洪水になったことにあるといわれています。

　洪水は上流の肥えた土を運んでくれますが、ひとたび洪水になれば、川の流れはすっかり変化してしまい、耕地に使っていた河原の形は、見るも無惨に変わってしまうからです。

　しかし、河原の耕地の形が変わってしまったことを悔いても仕方がありません。

　そこで、形が変わってしまった耕地を「どうやってまた公平に分けるか」が問題になってきます。それには、まず正確な面積を求めることが必要で、ここに登場するのが積分なのです。

　積分を使うと、面積や体積などを計算できます。微分が、分析という高度な考え方を背景にして登場したのに比べて、積分は必要に迫られて生まれた学問といえます。

　本章では、取り尽くし法と呼ばれる、今でも面積計算に使われる手法から、どのように積分の考え方が生まれてくるのかを説明していきます。

　一般に、「微分より積分のほうが計算が難しい」といわれることがありますが、微分と同様に順を追って理解すれば難しくありません。

積分の必要性

> # 積分=「分けて積む」
> これをひっくり返して「積分」

洪水の多い耕地

⬇

洪水のたびに
川の流れが
変わってしまう……

⬇

耕地の正確な面積を求めたい

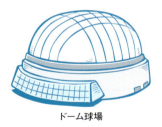

ドーム球場

おわん型をしたドーム球場の
体積はどれくらいだろう?

⬇

正確な体積を求めたい!

こうした、「日常的なニーズ」が積分のはしりとなった

3-2 複雑な形をした河原の面積を求めるには?
取り尽くし法①

　これまで「面積の求め方」というと、四角形など単純な形をしたものばかりを学校で習ってきたのではないでしょうか？　ところが、実際の世の中のものは、そんなに単純な形をしたものばかりではありません。

　洪水でできた河原の形などは、まさにその典型で、何ともいえない複雑な形をしており、正確に面積を求めるのは困難です。

　では、洪水で形が変わった河原の耕地の面積を、昔の人はどうやって求めたのでしょうか。もちろん、正確な面積を求めるのは難しいでしょうが、それでも、耕地の持ち主が納得できるくらいは正確な面積でなければなりません。

　そこで考えたのが、次のような方法です。右ページの図を見てください。まずは、適当な大きさの正方形で、求めたい面積の部分を埋めていきます❶。すると、でこぼこした境目の部分はすき間が空いてしまいます。

　そこで今度はそのすき間に、さまざまな図形をどんどん押し込んでいきます❷。押し込むさまざまな図形は、正方形である必要はありませんが、私たちが簡単に面積を求められるもの（面積の求め方を知っている図形）にします。そうして、求めたい図形になるべく近くなるようにします。そして、可能な限りすき間を埋めたら、埋め込んだ図形の面積を1つ1つ足していくことで、だいたいの面積を求めることができます。

　古代の人は、かなり高度な測量技術を持っていたようなので、実際の土地にロープを貼って図形をつくることで、複雑な形の面積を求めたのです。

複雑な形をした河原の面積を知りたい

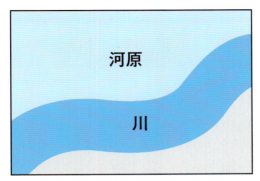

洪水が起こるたびに形が変わってしまう……
複雑な形をした河原(薄い青の部分)の
面積を求めるにはどうしたらいいのか?

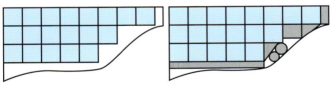

❶まず、正方形で埋める　❷すき間に適当な(面積を計算できる)図形を押し込む

押し込んだ図形の面積の合計を計算すれば、
だいたいの面積がわかる

これを「取り尽くし法」という

3-3 一定の尺度がない取り尽くし法は不完全
取り尽くし法②

　前述した取り尽くし法が、複雑な形をした面積の計算に有効な方法であることはわかったことでしょう。考え方としては割と単純なものであるにもかかわらず、大きな効果を上げられる方法といえます。

　しかし、この方法には欠点があります。

　例えば、右ページの図を見るとわかるように、取り尽くし法による面積の求め方には、一定の尺度が存在せず、ものの形に応じて、その場その場で、適当な図形を当てはめることになるからです。そうなると結局、面積を計算する人が変われば、計算される面積の値も変わってしまう可能性があります。これでは文句が出てしまいます。数学としては、誰が計算しても同じ結果が出なくてはなりません。

　このように、一定の尺度が存在しない取り尽くし法は、数学という学問として考えるには、かなり問題があるのです。数学として問題があるとなると、残念ながら現代社会で利用する「道具」としては不適格といわざるを得ません。

　とはいえ、数学を志す者としては、実際に役立つこの方法をなんとか学問として成立させたいところです。そこで、取り尽くし法を数学として活用していくために、もう一歩工夫できないか考えてみましょう。取り尽くし法が数学として成り立つには何が必要なのでしょうか？　恐らく古代エジプト文明の人も悩んだに違いありません。

　次項では、数学として正しい取り尽くし法とはどんなものなのかを考えながら、積分法の基礎を説明します。

一定の尺度がない取り尽くし法の欠点

取り尽くし法による面積の推定

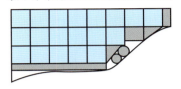

今回はたまたまこうだったけど……次は?

こうかもしれないし……　　　こうかもしれない

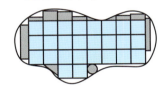 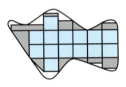

ケース・バイ・ケースで、形が変わると
その都度、取り尽くし法で用いる図形も変える必要がある

数学らしくない

「もう少しきちんとルールを決めて取り尽くしたい」

これが積分の考え方の基礎

3/4 詰め込む図形を「小さな正方形」にする
取り尽くし法③

　ここでは、河原の面積を求めるために用いた取り尽くし法を、きちんと数学として考える方法を探しましょう。

　ここまで、取り尽くし法では、面積を求めたい図形の上に、面積を計算できる図形であればどんな形のものでもおかまいなしに詰め込んでいいことにしていました。なるべくすき間がないように埋めて、それを実際に計算するのですから、そうでないと困るわけで、これは当然のことでした。

　しかし、ある程度、頭の中だけで考えられるのが数学の特徴なのですから、これを生かさない手はありません。そう考えると、まずは詰め込む図形の条件をシンプルにする必要がありそうです。**詰め込む形を簡単なものにしてみる**のです。例えば、詰め込む図形を、大きさのそろった正方形にしてみてはどうでしょうか？　これなら、簡単に面積を計算できて、いかにも数学らしいといえます。

　しかし、この方法では当然、実際の面積とはかけ離れたものしか導き出せません。これまでの取り尽くし法なら、すき間に適当な図形をどんどん入れて、面積の精度を上げられましたが、それができないからです。そもそも、そういういい加減な部分を排除したいのですから、この方法は使えません。

　では、どうすればいいのでしょうか？　そんなときは、**取り尽くしで使う正方形の大きさを小さくする**のです。例えば、右ページに示したように、正方形の一辺の長さを半分にして面積が $\frac{1}{4}$ の正方形を用いたらどうでしょうか？　正方形の面積を $\frac{1}{4}$ にすれば、より多くの部分を取り尽くせるので、**右ページの図**ではグレーの部分だけ、実際の面積に近づけられます。

河原の面積をもっときちんと取り尽くすには?

正方形だけで埋めるようにして、
その正方形の目を細かくすればいい

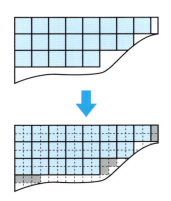

正方形の目を倍に細かくすると……
グレーの分だけ、実際の面積に近づいた

**これをもっと細かくすれば、
どんどん実際の面積に近づく**

マス目を無限に細かくする
極限の考え方が再登場

前項では、河原の面積を求める取り尽くし法を数学としてきちんと成立させるため、詰め込む正方形の面積を小さくすることで精度を上げていく方法を考えました。

ここでは、これをもっと発展させてみましょう。

右ページの図を見るとわかりますが、正方形の面積を $\frac{1}{4}$ にする——つまり、マス目を細かくすると、より正確な面積を得られそうです。

ということは、マス目を細かくすればするほど、実際の面積に近い面積を求められそうなことがわかります。

「マス目を細かくすればするほど」「実際の面積に近づく」——どこかで聞いたことがある言葉ではないでしょうか？　そう、これは 1-16 で出てきた極限の考え方とそっくりです。

右ページの図を見れば、埋め込む正方形のマス目を細かくすればするほど、河原の実際の面積に近づけられるのは明らかです。つまり、この場合「正方形のマス目の大きさ」を0に近づけるという極限計算（1-18）のようなことをしているのです。

すると、正方形の面積の合計は、いくらでも実際の面積に近づけることができるとわかります。

これでどうやら、一定の尺度をもって、複雑な形の面積を、なんとか考えることができます。取り尽くし法も数学として考えることができそうです。

次項では、もっと簡単な面積計算（単純な例）を考え、きちんとした取り尽くし法——つまり積分法を考えていくことにしましょう。

極限の考え方が再登場

河原の面積

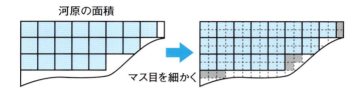

マス目を細かく

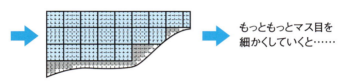

さらにマス目を細かく

もっともっとマス目を細かくしていくと……

いくらでも実際の河原の面積に近づけられる

これは、**極限の考え方**と同じ

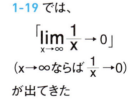

1-19 では、

「$\lim\limits_{x \to \infty} \dfrac{1}{x} \to 0$」

（$x \to \infty$ ならば $\dfrac{1}{x} \to 0$）

が出てきた

つまり

「正方形のマス目の大きさ」→ 0 ならば
（正方形を「限りなく」細かくするということ。2-12 参照）

「正方形の面積を足したもの」＝「河原の面積」
という式が成り立つ

「正方形」を取り尽くしてみる
単純な図形で複雑な方法を理解する

　取り尽くし法の計算は、ほとんどの場合、複雑な形をした図形の面積を求めるのに用いられてきました。

　しかし、ここでは縦10cm、横10cmの正方形という、取り尽くし法を使わなくても正確な面積を求められる単純な図形に、あえて、取り尽くし法のようなものを適用してみましょう。

　なぜなら、複雑な方法を単純な図形に適用することで、複雑な方法が理解しやすくなるからです。

　ここでは、前述した取り尽くし法を正方形に適用しますが、複雑な河原の面積の場合とは異なり、求める正方形の1辺はそのまま使い、縦に分割して長方形にしていきます。

　このような場合、取り尽くし法でも正確な面積を出せます。例えば、2つに分割しても、4つに分割しても、合計すれば結局、もとの正方形に戻るからです。

　そもそも、わざわざ取り尽くし法を用いるまでもなく、正方形(四角形)の面積の求め方である「縦の長さ×横の長さ」を使えば、簡単に面積を求められます。

　ただ、ここでの話は、前述したように、積分法の理解が目的なので、わざわざ適用する必要がないような簡単なことで考察してみるのです。

　まずは、いちばん粗い2分割の例を考えてみましょう。すると右ページの図のように、1つ1つの長方形は縦が10cm、横が5cmになります。もう1段階細かくすると4分割になり、縦が10cm、横が2.5cmになります。さて、このような取り尽くし法で、どんどん細かくしていくと、どういうことが起こるでしょうか？

正方形を取り尽くす

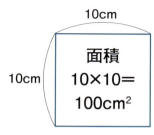

縦が10cm、横が10cmの正方形を、取り尽くし法で取り尽くしてみよう

正方形なので、長方形で取り尽くすと、いつでも正しい面積がわかる

取り尽くす方法

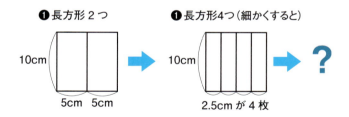

正方形を「線の集まり」と考える
dxで「無限に細かく」を表す

　取り尽くし法から「正方形を等分に分割していく」ことに話題が展開してきました。ここでは、正方形を等分に分割していくとどうなるか考えてみましょう。

　右ページの図を見てください。正方形の分割数を増やしていくにつれ、1つ1つの長方形がどのように変化していくかを示していますが、「分割した数に応じて、長方形の横幅が小さくなっていく」という、当たり前のことを表しています。n等分すると、横幅がもとの横の長さのn分の1となった長方形が、n本できあがります。

　このとき、分割する数をどんどん増やしていくとどうなるでしょうか？　もちろん、数を増やした分、1つ1つの長方形の横幅は小さくなっていきます。すると、無限に本数を増やす——つまり、長方形の横幅を無限に小さくする、ということになります。今回は正方形ですから、わざわざ「無限に小さく」しなくても正確な面積を求められますが、それ以外の図形は必ずしもそうではないので、ここではあえて「無限に小さくする」という方法を使ってみます。

　「幅が無限に小さい長方形」というのは、突き詰めていくと、「線」になります。つまり、正方形というのは、長さが等しい線が「無限にたくさん」集まってできているということが、無理なく導き出せます。

　しかし、「幅が無限に小さい」というのは、あくまでも概念であり、具体的な数字として扱うことはできません。そこで、dxという記号が登場します。次項ではこのdxについてくわしく考えてみましょう。

正方形の取り尽くし

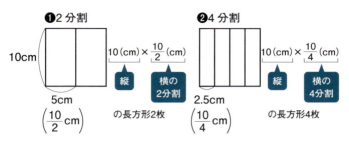

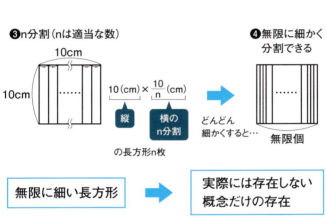

| 無限に細い長方形 | ➡ | 実際には存在しない概念だけの存在 |

そこで dx という記号が登場する

❹のような場合、縦10cm、横幅が無限に小さい(dx)
長方形(つまり直線)が「無限にたくさん」あると考える

➡ **正方形は「線の集まり」と考える**

3-8 無限に分けたものを集めたら？
計算を書ききれないので「∫」が登場する

　積分法の話も、いよいよ佳境に入ってきました。微分法でも出てきたdxが、積分法でも登場します。

　四角形を長方形で分割していき、幅を無限に小さくするということは、概念だけであることを前項で述べました。これは、1-17で極限を説明したときにも述べました。極限は「いくらでも0に近づけることができる」からです。幅は0ではない値を確かに持ってはいるものの、具体的に「0.1」や「0.001」などと指定することはできません。

　そこで仕方なく、dxという記号を用いるのです。dxという記号で「幅を無限に小さくする」ことを表しているのです。

　これを実際の面積に当てはめて考えてみましょう。例えば、4分割した場合について考えてみます。四角形を取り尽くし法で4分割するということは、四角形を4等分したもの1つ1つについて面積を求めて、それを「集める」と四角形の面積になるということです。

　同じように、無限に細かく分けた場合について考えてみましょう。この場合、横幅をdxと置くと、1つ1つの長方形（実際には線分）の面積は10dxとなります。この10dxを無限個、集めたものがもとの四角形になるのです。

　ところが、有限個の長方形を集めるのであれば、右ページ中図のように具体的な足し算の形で計算を書けますが、無限に細かくした場合、計算を書ききれません。つまり、これまでの考え方では対応できないのです。そこで考えられたのが、「∫（インテグラル）」と呼ばれる積分記号なのです。

積分法の考え方

- 無限に細かく分けた四角形

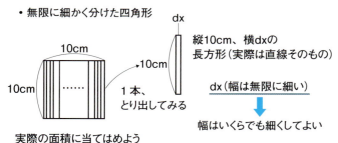

実際の面積に当てはめよう

大ざっぱな分け方（ここでは4分割）だと……

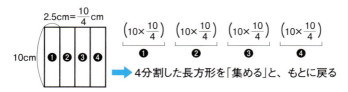

→ 4分割した長方形を「集める」と、もとに戻る

同じように無限に分けると……

10×dx＋10×dx＋…（無限個あるので書ききれない）

そこで、記号を新しく考える

（10×dx）の長方形を、左から 10cm 分

「無限個」集めるのだから……

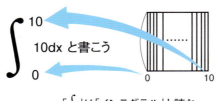

$$\int_0^{10} 10\,dx$$ と書こう

「$\int$」は「インテグラル」と読む

3/9 積分記号「∫(インテグラル)」の意味は?
積分は本来「足し算」である

ここでは、積分記号「∫(インテグラル)」の意味を考えてみましょう。インテグラルは英表記で「integral」となり、その意味はずばり「積分」です。

積分記号「∫」は、xに沿って積分するのであれば、「dx」という記号をともなって登場します。これは、前述した通り、「幅dxの長方形を、無限個集める」という意味の記号です。dxは「x座標に沿って積分計算する」という意味です。これは「xで積分する」という意味と同じです。

先頭の積分記号∫は、その**上下に数字や文字が書かれる**ことがあります。この場合は、「下に書かれる数字(文字)が、積分する範囲の左端」になり、「上に書かれる数字(文字)が右端」になります。

つまり、「**下の数字(文字)から上の数字(文字)の範囲で積分しなさい**」という意味になります。

$\int_0^{10} 10dx$ の場合、「縦方向が10で一定の区画について、横方向に0から10までの間を、幅が無限に小さい長方形で分割した上で集めなさい(積分)」ということになります。

つまり、**積分は本来、足し算**なのです。

積分したい(面積を求めたい)場所を決めて、その場所を無限に細かく分けた上で(これが、幅dxの長方形にするということです)、その長方形を無限個集めて、足し合わせるという、特別な足し算なのです。

積分の正体は、人には想像できないような「魔法の足し算」なのです。

積分記号 ∫（インテグラル）の意味

前項で出てきた記号

∫ =「インテグラル」と読む ➡ これを「積分記号」という

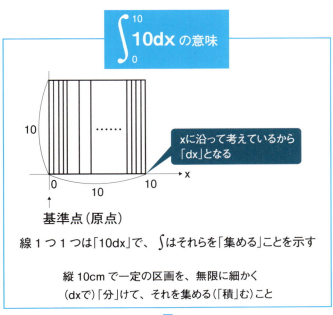

$\int_0^{10} 10dx$ の意味

xに沿って考えているから「dx」となる

基準点（原点）

線1つ1つは「10dx」で、∫はそれらを「集める」ことを示す

縦10cmで一定の区画を、無限に細かく（dxで）「分」けて、それを集める（「積」む）こと

これを「積分」という

積分で長方形の一部の面積を求めると？
積分区間と積分面積の関係

　前項で、積分という計算方法が、「一種の特殊な足し算」であることがわかりました。ここでは、もう少し具体的に見てみましょう。

　右ページの通り、$\int_0^{10} 10 dx$ は、「長さ10の線分を、すき間なく、横に10だけ集めたときの面積」という意味の計算です。面積の公式を使って、正方形の面積を実際に計算すれば、面積が100になることがわかります。つまり、直接、積分の計算をしなくても、「迂回」する形で計算できたことになります。

　それでは、右ページのような四角形の場合はどうなるでしょうか？　薄い青の部分の面積を求めるには、「まず、横がxの、大きい長方形の面積を求め、そこから左の余計な部分の面積を引く」と考えます。すると、大きい部分の面積は「10×x」に、余計な部分は「10×4」で40となります。

　これで、面積が出せますが、これを積分記号で書くと右ページの図のようになります。つまり、$\int_0^{10} 10 dx$ の**積分区間を変えただけのもの**になるというわけです。

　ここで、面積の公式で出した計算結果を見ると、不思議なことに気がつきます。10×xの部分と、10×4の部分です。「余計な部分」は、**10×xにx＝4を代入したものではないか**と思えるわけです。すると、$\int_○^{△} 10 dx$ と10×xとの間には、何やら関係がありそうな気がしてきます。10×xは関数です。

　確かに、縦の長さは一定ですから、積分区間と積分結果は正比例しそうです。両者の間にどんな関係があるのかは次項で見ていきましょう。

積分で長方形の一部の面積を求める

先ほど出てきた記号

$$\int_0^{10} 10\,dx$$

「長さ10の線分を、すき間なく、横に10だけ集めたときの面積」

➡ つまり、縦10の正方形だから、面積は100

$$\int_0^{10} 10\,dx = 100 \text{ となる}$$ ➡ 何とか計算できてしまう

応用してみよう

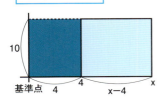

薄い青の部分の面積は「記号」を使うと、

$$\int_4^x 10\,dx$$

→ (右端の位置)
→ (左端の位置)

「面積」を計算すると、

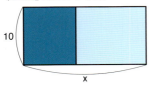

から を引けばよい。つまり、

$$\int_4^x 10\,dx = (10 \times x) - (10 \times 4) = 10(x-4)$$

$\int_○^△ 10\,dx$ と $10 \times x$ は、何か関係がありそうだ……

微分と積分の関係とは？
微分と積分は表裏の関係

　前項で、積分記号を使って考えた∫10dx という式と、実際の面積について考えていくと、10 × x という関数との関係が浮かんできました（ここで使った、∫の上下に数字や文字が書かれていない積分記号は不定積分といわれる計算の記号です。不定積分は4-9 で説明します）。

　そこで、この10 × x という関数をx で微分してみましょう。微分の方法は、前述の通りなので簡単です。10 × x の微分は定数関数の10 になります。これは、積分の式の中にあった「10」と一致します。

　積分して浮かんできた関数を微分すると、もとに戻ってしまったわけです。どうやら、微分と積分の間には何らかの関係がありそうです。

　結論からいうと、微分と積分の間には、足し算と引き算のような裏表の関係があるのです。くわしい証明は難しいので、ここでは避けますが、微分と積分の間には深い関係があるのです。

　積分の計算が微分の計算の裏返しであることがわかれば、ここまで考えてきた微分の計算方法を検討することで、積分の計算方法もわかりそうです。

　微分にも積分にも、dx といった微小量を示す記号が出てきます。このことからもわかる通り、両者は似たような部分を持っているのです。微分と積分が一緒に取り扱われることが多いのは、そういった事情からです。

　積分のくわしい計算方法は、次の第4章で説明することにしましょう。

微分と積分の関係とは?

$$\int 10dx$$ と $10 \times x$　何やら関係がありそうだ……

10×xを微分してみよう

$$(10x)' = 10$$

（　）'は「（　）内を微分する」という意味

$\int 10dx$ が10になってしまう

微分と積分は関係がありそう

微分と積分は、実は正反対の計算

「微分の逆」と考えることで、積分も計算できそうだ

※積分には、定積分と不定積分とがあるが、くわしくは第4章で説明する

「関数を積分する」とはどういうことか?
関数を積分する①

　積分の概要がわかってきたところで、今度は、積分できる対象をもっと広げられないか考えてみましょう。具体的には、微分のときと同じように、関数で表現できるような物事を積分できるのが最終目標になります。では、関数の積分について考えてみましょう。

　前項まで、わざわざ積分を使わなくても面積を求められる単純な四角形に、あえて積分の考え方を適用しましたが、この四角形の積分は、実はy＝10という定数関数と呼ばれるものの積分だったのです。定数関数も関数の一種ですから、一般の関数の積分の準備は、すでにできていたのです。

　そもそも、「関数を積分する」というのはどういうことなのでしょうか？　四角形の場合で考えれば、y＝10という、どこまでもx軸と平行に続くような関数を、縦線（y軸と平行な直線）で区切り、その範囲の面積を求めることでした。

　一般の関数もまったく同じことです。y＝f(x)で表される関数があったとします。ここで、この関数のグラフを、x軸とy軸で構成された2次元座標上に書いたとします。「f(x)をxで積分する」というのは、「指定された部分（この場合、y軸と平行な直線）」と「f(x)のグラフ」、そして「x軸」で囲まれた部分の面積を求めることにほかなりません。右ページの図の青い部分の面積が、積分で求められるものです。

　結局、四角形の積分も関数の積分も、関数のグラフの形が変わっただけであり、考え方は変わらないのです。次項でさらにくわしく見ていきましょう。

関数を積分する

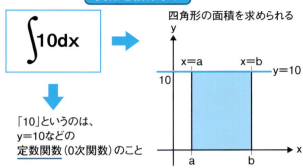

「10」というのは、y=10などの**定数関数**（0次関数）のこと

これをいろいろな関数で使えるようにしよう

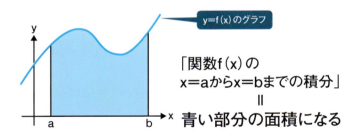

「関数f(x)の x=aからx=bまでの積分」
＝
青い部分の面積になる

記号は $\int_a^b f(x)dx$ となる

$\int_a^b f(x)dx$ を「f(x)をaからbまでの間で積分する」といったりする

3 / 73 xの位置でy方向の長さが変化する
関数を積分する②

　関数の積分を考えるときも、取り尽くし法の考え方を用いると理解しやすくなります。

　ただし、関数を長方形で区切って取り尽くそうとすると、面積を求めたい図形から長方形の一部がはみ出てしまったり、逆に足りなかったりします。これらが四角形の取り尽くしと異なる点で、はみ出しや不足をどうするのか、考え方を統一しておかなければなりません。例えば、「長方形で区切ったら、高さは長方形の左端の点に合わせる」などです。

　そうすると、右ページの図のように、関数のグラフに沿った長方形が階段のように連なります。濃い青の部分が、はみ出したり、足りない部分です。続いて、関数にxの値を代入すれば、すべての長方形の高さを求められるので、1つ1つの長方形の面積を求められます。

　これらを足し合わせれば、求めたい面積の大ざっぱな値がわかります。ここまでは、ここまで解説してきた取り尽くし法にしたがった方法です。

　続いて、前述したように、長方形の個数を無限に増やしていくとどうなるでしょうか？　このとき、すべての長方形は、1つ1つが同じ幅を保ったまま、幅自体は無限に小さくなっていきます。つまり、線分の集まりになっていき、面積を求めたい図形に限りなく近づいていくのです。

　結局、関数の積分というものは、xの位置次第で長方形の縦の長さ（y方向の長さ）が変わるものと考えればよく、そのほかは四角形の場合と同じなのです。

面積を長方形で取り尽くす

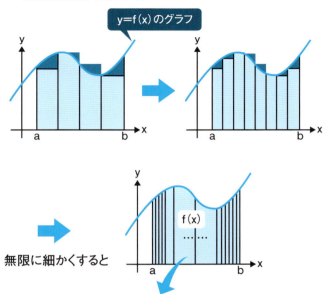

無限に細かくすると

ただし、四角形と違って、xの位置によりy方向の長さが変化する（f(x)になる）。よって、1つあたりの面積は、

$$f(x) \times dx$$

これを x=a から x=b まで集めるのだから、

記号は $\displaystyle\int_a^b f(x)dx$ となる

「積分結果が持つ意味」を考察する
関数が持つ意味はいろいろ

　複雑な河原の面積の求め方から始まって、取り尽くし法の考え方と、それをどのように数学らしい計算方法にしていくかということを通じ、積分法の考え方を見てきました。ここまでお読みになった方は、積分、つまり「分けて、積む」という言葉が使われている意味が理解できたのではないでしょうか？

　しかし、ここまでの話だけだと、積分は「単に面積を求めるための計算」と感じてしまうかもしれませんが、そういうわけではないのです。なぜなら、関数にはいろいろな意味を持つものがあるからです。ここまで解説に使ってきた関数はすべて、「位置xと、その位置での長さを表す関数」でした。

　しかし、世の中にはいろいろな関数があります。例えば、「位置xと、その位置での面積を表す関数」であれば、積分結果は、面積に「限りなく薄い厚み」をつけたものをかき集めたものになるので、積分結果は体積となります。同じように「時間tにおける速度を表す関数」であれば、積分結果は進んだ距離となります。このように、計算して求めた面積の大きさが、何を意味するのかを考察する必要があります。

　さて、本章では積分について「どういう考え方で行われる計算なのか」を述べてきました。キーワードは「無限に小さい」ということだとおわかりいただけたことでしょう。

　実際の積分計算では、微分計算と同じように「無限に」ということを意識する必要はありません。第4章では、本章で述べてきた考え方をもとにして、実際の積分計算がどのようなものなのかを考えていきましょう。

積分結果が何を意味するのか把握する

ここまでは……　　積分 ＝ 面積

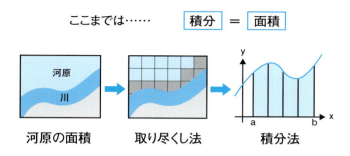

河原の面積　　取り尽くし法　　積分法

ところが……

関数の意味はいろいろなので、積分結果もいろいろ

● $f(x)$（積分される関数）　　● $\int f(x)dx$ の積分結果

- 線の長さ　　　　　　　→　・面積
- 面積の大きさ　　　　　→　・体積
- 速度と時間の関係　　　→　・進んだ距離

ただの面積に見える積分結果は何を意味するのか、その意味の考察が重要

3 平行四辺形の面積を積分で考える
カヴァリエリの原理

　本章の最後に、前述した無限小という概念を使った面積の求め方を紹介しましょう。さまざまな図形の計算は、小学校などで習ってきたと思いますが、いちばんの基本は平行四辺形の面積の求め方です。小学校では普通、平行四辺形の面積を、右ページ上図のように考えます。まず、底辺と垂直な直線を引いて、はみ出した三角形（青い部分）を切り取り、下の足りない部分に移動します。すると長方形ができるので、長方形と同じ面積と考えることができます。これにより、

　平行四辺形の面積＝底辺×高さ

という公式が導き出せます。

　さて、平行四辺形は「平行」というだけあり、右ページ中図のように、どこで垂直に切っても同じ長さです。もし、長方形で取り尽くし法を適用したらどうなるでしょうか？　有限の個数で取り尽くせば、平行四辺形と長方形では形が違うので、ずれが生じてしまいます。しかし、無限の本数にすれば、長さが一定の線分をとれ、いくらでも平行四辺形の面積に近づけることができます。

　こうして、平行四辺形を「長さが一定の線分の集まり」と見たとき、この線分の集まりを下の辺に合わせて、きれいにずらすとどうなるでしょうか？　「長方形と同じ」と考えられます。

　ちょうど、バラバラになったコピー用紙などの束を、机の上でトントンたたいてそろえ、束ねると、きれいな直方体になりますが、体積は変わらないのと一緒です。このように、無限小は摩訶不思議な考え方なのです。面積などのこうした求め方をカヴァリエリの原理と呼びます。

一般的な平行四辺形の面積の求め方（底辺 a、高さ b）

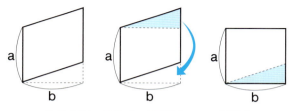

このように考えて、面積を a×b と導く

積分で考える、平行四辺形の面積の求め方

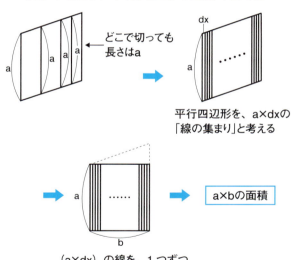

束になったコピー用紙を机でトントンたたいてそろえても、体積は変わらないのと一緒

Column ❸

「リーマン積分」のリーマンは各方面で活躍した

　私たちが高校や大学で習う積分は、リーマン積分と呼ばれるものです。ベルンハルト・リーマン（1826〜1866年）はドイツに生まれ、若くしてゲッチンゲン大学の教授になりましたが、肺結核により、わずか39歳でこの世を去りました。

　彼の業績は、上記のリーマン積分を定義しただけでなく、理論物理学など多方面にわたっていて、彼の名前が冠せられている数学の用語は少なくありません。

　例えば、関数論の「コーシー＝リーマンの条件」や「リーマン面」、素数の分布に関する「リーマン予想」（未解決）、相対性理論の基礎となる「リーマン幾何学」など、枚挙にいとまがありません。

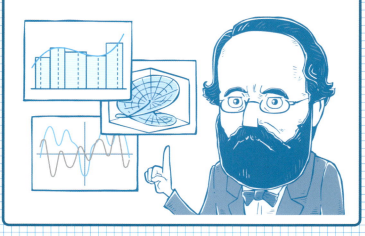

第4章

積分を計算してみよう

この章では、まず、原始関数、定積分、不定積分、積分定数について学習します。その後、それらにもとづき、**積分計算の法則**などを理解します。最後に、具体的な例として、これらを用いて**酒杯の体積**を求めます。

複雑な関数の積分は難しい
簡単な関数なら積分も簡単だが……

第3章をお読みになった方は、積分の考え方を理解できたことでしょう。積分というものが、関数に囲まれた範囲を細かく分けて線にしたものを集め、グラフ上で面積に相当するものを算出する計算であることがわかったと思います。ただ、第3章では、積分の考え方の説明に専念したので、実際の計算については何も触れてきませんでした。

そこで本章では、積分の考え方をふまえつつ、実際に計算するときの注意点などを押さえながら、積分をより深く理解していきましょう。

さて、関数の積分は、突き詰めて考えると「位置によって長さ(ここでは)が$f(x)$の割合で変化する線を、xがaからbの範囲で無限にたくさん集めたもの」ということになります。

こうして言葉にするとややこしいのですが、ここまでの説明から、図で書くのは簡単です。

例えば、右ページの図のような$y=10$という定数関数(xに関係なくいつでもyの値は10という一定の数をとる関数)の場合、積分の値は「縦の幅が10の長方形の面積」となります。このように、簡単な関数の積分ならば、積分の意味を考えることで(関数が実際につくる図形の面積を考えることで)、計算できます。

しかし、関数が少し難しくなるとこういうわけにはいかず、積分の計算は簡単にはできません。

積分は「無限に細い線を無限にたくさん集める」という考え方をもとにしていますが、この考え方をどうやって計算に結びつけたらいいのでしょうか?

積分の計算は難しい

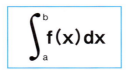

位置によって長さがf(x)の割合で変わる線を、
xがaからbの範囲で集める

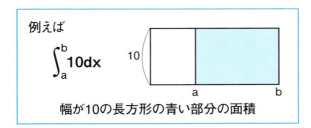

ところが……
具体的な例（ここでは四角形の面積）にあてはめないと、
計算できない

困る

> 「無限に細い線を無限にたくさん
> 集める」なんていわれてもわからない

わかっているのは「微分」と「積分」は逆さま、ということだけ

「原始関数」とは何か？
微分する前の関数

積分の計算の意味を考えていくと、「無限に細い線を無限にたくさん集める」という難問に突き当たってしまうことは前述しました。

第3章からの話の流れでわかる通り、積分で何（面積や体積など）を計算するかはわかりやすいのですが、どうやって計算すればいいのかはわかりません。

ここで1つ思い出したいことがあります。

それは、微分と積分が、「足し算と引き算のような、裏と表の関係にある」ということです。

第1章から第2章で述べた通り、微分の計算は、その意味をとらえるのに多少取っつきにくい部分がありますが、計算しようと思えば、機械的にできてしまいます。また、微分の公式もすでにわかっています。

そこで、引き算を考えるのに、「足し算する前はいくつだったろう？」と考えるのと同じく、「あるものを積分したら、恐らくそれは、微分する前のものになるだろう」と考えてみてはどうでしょう？

「本当にそんなことをしてもいいのか？」という問題はさておき、考え方としては筋が通っているので、まずは仮定してみましょう。少し強引な考え方かもしれませんが、後でしっかり考察して、もし問題がないようであれば、それでいいというのが数学の考え方です。

こうして編み出されたのが、微分する前の関数という意味がある原始関数です。

微分する前の関数「原始関数」

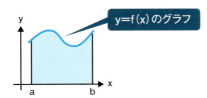

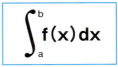

何を計算したかは目で見てわかるが、
具体的に計算できない

しかし、微分の計算はできる

そこで、微分したら f(x) になる関数がある
（存在を仮定する）ことにしてしまえばいい

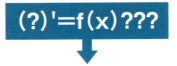

これを「原始関数」と呼んでしまおう

4-3 x^n の原始関数は $\frac{1}{n+1}x^{n+1}$
微分の公式を「逆演算」する

　積分の計算が難しいことから、破れかぶれに登場した感のある原始関数ですが、もう少し深く考えてみましょう。

　一般に原始関数のことを、もとの関数f(x)に対して、大文字でF(x)と書き表します。積分して出てくるので、大文字で書いているようなものなのですが、今のところ、「F(x)を微分するとf(x)になる」という以外には、特に意味を持たない関数です。ここでは、「とりあえず大文字で書いておいた」と考えておけばいいでしょう。

　原始関数の性質としてわかっているのはこれだけなので、後は「微分と積分が裏表の関係にある」ということだけが、積分計算に残されたヒントということになります。

　ここまでの話で、数式の扱いに慣れてきたと思いますので、ここでは、微分の計算で使った公式を用いて、積分の計算ができるようになりましょう。計算の意味は、図を使って説明するのでご安心ください。

　ここで右ページを見てください。**微分の公式を「逆演算」することで、原始関数を求める公式を導き出せる**ことがわかります。

　微分では、xのn乗の微分を求めるには、「肩」の部分を前に出し、さらに肩の部分から1を引く、という公式がありました（2-23参照）。

　原始関数を求める公式では、肩の数字に1を足して、さらに、肩の数字に1を足したもので割る、ということになります。

　こうしてみると、積分は微分と、ことごとく正反対になっていることがわかります。

微分する前の関数「原始関数」

> 微分してf(x)となるような関数＝原始関数を、
> **F(x)** と書くことにする

つまり、　　　　$\underline{F'(x) = f(x)}$　　となる

f(x)＝x^n のとき、F(x)を求めてみる。ここで微分の公式（**2-23**参照）を思い出すと、

$$(x^n)' = nx^{n-1}$$

この式の「n」を「n+1」で置き換える

$$(x^{\underline{n+1}})' = (\underline{n+1})x^{\underline{n+1-1}} = (n+1)x^n$$

これから $\dfrac{(x^{n+1})'}{n+1} = x^n$

つまり、
f(x)＝x^n の原始関数F(x)は、
肩の数字に1を足して、
さらに、肩の数字に1を足したもので割った、

$$\dfrac{1}{n+1}x^{n+1} となる$$

積分とは原始関数を求めること
原始関数に数値を代入して差をとる

　前項まで、微分する前の関数として原始関数F(x)というものを仮定しましたが、積分という計算の主な部分は、この原始関数を求めることにあります。原始関数は、微分の公式を逆演算して求めます。

　ここまでに出てきた定数関数を例として考えてみましょう。前述したように、定数関数f(x) = 10を積分するということは、幅10の長方形の面積を求めることと同じです。

　となると、f(x) = 10の原始関数はどういうものになるでしょうか？　積分して出てくるのが原始関数であることを考えれば、長方形の面積に関係がありそうです。

　ここで、面積の性質を考えてみましょう。

　長方形の面積の大きさは、縦の幅を10とすれば、あとは積分する範囲の長さ(横の幅)に正比例します。右ページの図(例にある図)の青い部分(濃い青も薄い青も)が積分範囲ですから、面積の大きさは、長方形の横の幅に正比例します。

　正比例するとなると比例定数がありますが、縦の長さ10が比例定数です。

　つまり、ここでの原始関数は10xとなります。

　面積を求めるとき、右ページ下図のように、大きい領域から小さい領域を引きますが、これは、原始関数10xにbを代入したものから、原始関数10xにaを代入したものを引く(10b − 10a)のと同じことです。

　つまり、原始関数を求めて、それに数値を代入して差をとれば、積分の計算ができてしまうのです。

第4章 積分を計算してみよう

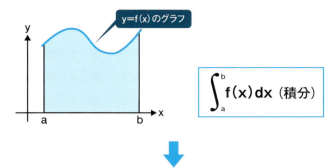

$$\int_a^b f(x)dx \quad (積分)$$

積分計算とは「原始関数」を求めること

例 example

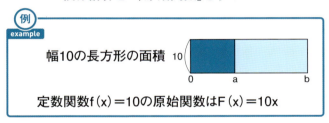

幅10の長方形の面積

定数関数 $f(x)=10$ の原始関数は $F(x)=10x$

実際

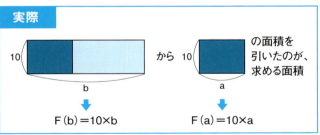

$F(b)=10×b$　　$F(a)=10×a$

つまり

$$\int_a^b f(x)dx = F(b)-F(a)$$

$$\int_a^b 10dx = 10×b-10×a = 10×(b-a)$$

4-5 定積分とは何か?
積分範囲が定まった積分

ここまで考えてきた積分計算は、積分する範囲を数字や記号で表し、指定してきました。このように積分範囲が定まった積分を**定積分**と呼びます。

定積分の結果は、積分する区間が定まっているので、基本的には数値で出てきます。積分区間が記号で表されると、記号が混ざった数が多少は出てきますが、これは数（定数）と考えてかまいません。

大切なことなので何度も解説していますが、定積分は、右ページの図でいう青い部分の面積を求める計算です。そして、その面積が何を意味するかは、関数の意味によって、いろいろと変わってきます。ここまでは基本的に面積がそのまま図形の面積を意味していましたが、第3章でも触れた通り、必ずしも図形の面積とは限らず、体積だったり、進んだ距離だったりすることもあります。

定積分の計算自体は、原始関数さえ求められれば簡単です。まずは原始関数を求めて、それに積分区間の後ろの数を代入したものから、積分区間の前の数を代入したものを引けば計算できます。それを具体的に示したのが右ページの公式です。$[F(x)]_a^b$ というのは、「$F(x)$ の『$x=b$ を代入したもの』から『$x=a$ を代入したもの』を引きなさい」という意味です。

なお、「定積分があるのであれば、積分範囲が定まっていない積分もあるのか?」と、疑問に思うかもしれませんが、その通りです。わざわざ定積分と断ることからもわかるように、そのような積分も存在します。**不定積分**といいますが、これについては4-9で説明します。

区間が決まった「面積」を出すような積分

結果は数字で出てくる

定積分

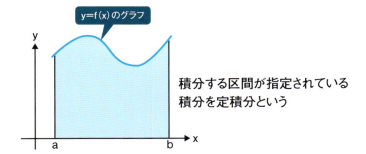

積分する区間が指定されている積分を定積分という

定積分の公式

$$\int_a^b f(x)\,dx = \left[F(x)\right]_a^b = F(b) - F(a)$$

※ $\left[F(x)\right]_a^b$ は、$F(x)$ の「$x=b$ を代入したもの」から「$x=a$ を代入したもの」を引きなさい、という意味

4/6 定数関数を定積分してみる
手を動かして計算してみることが大切

　定積分の計算方法がわかったので、実際に例を出して考えていくことにしましょう。まず考えるのは、定数関数の例です。いちばん簡単な計算だからです。ここまで何度も出てきたので、「またか……」と思うかもしれませんが、基本は大事なので、しっかり見ていきましょう。

　ここでは、「$f(x) = 10$ という定数関数を、xが5から10の間で積分したらどうなるか」を計算して求めてみましょう。この場合、原始関数は $F(x) = 10x$ となります。前述した通り、積分の意味を考えると一目瞭然で、縦が10の長方形の面積となるからです。

　定数関数の原始関数の場合、「ある程度、融通のきく長方形」——つまり、横の長さは何を入れてもいい、という便利なものと考えてかまいません。いわば横に伸び縮みする長方形と考えればいいでしょう。そういう長方形を用意し、大きい長方形から小さい長方形を引けば、求める面積が出てくるのです。

　実際、右ページの手順にしたがって、積分する区間の右側の数字を原始関数に代入したものから、積分する区間の左側の数字を原始関数に代入したものを引けば、答えが出ます。これは、縦が10、横が5の長方形の面積と一致しています。

　なお、ここまでの話からわかるように、この定積分を図で書くと、縦の幅が10、横の幅が5の長方形の面積であることがわかります。何もわざわざ積分などという小難しい計算をしなくても、「縦×横」の計算で、面積の値は簡単に出てしまいます。ここでは、あくまで積分計算を理解するために、あえて簡単な例を出しています。

定数関数を定積分する

定数関数y＝10（xの位置に関係なく、その値が一定）

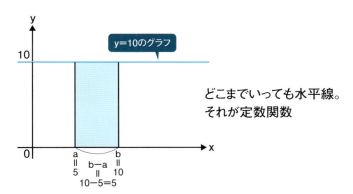

どこまでいっても水平線。
それが定数関数

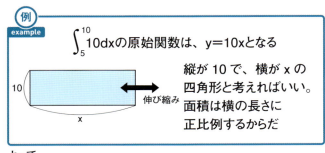

$\int_5^{10} 10dx$の原始関数は、y＝10xとなる

縦が10で、横がxの四角形と考えればいい。面積は横の長さに正比例するからだ

よって

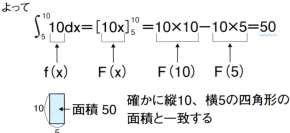

$$\int_5^{10} 10dx = [10x]_5^{10} = 10 \times 10 - 10 \times 5 = 50$$

f(x)　　F(x)　　F(10)　　F(5)

確かに縦10、横5の四角形の面積と一致する

1次関数 y = x を定積分する
直角二等辺三角形で考える

　前項で定数関数の定積分ができました。ここでは、**1次関数 y = x の定積分**を考えてみましょう。積分区間は、先ほどと同じく「xが5から10の間」ということにします。

　1次関数 y = x の定積分をグラフを使って表すと、**右ページ上図**のようになります。青い部分の面積を求めるのが今回の計算の目的です。青い部分の面積は、**右ページ中図**のように、**直角二等辺三角形**を考えると簡単です。積分区間の右側となる一辺b（ここでは10）の直角二等辺三角形の面積から、左側となる一辺a（ここでは5）の直角二等辺三角形の面積を引いたものが、求める面積となるからです。

　これからわかる通り、この場合の原始関数のもとになる面積は、直角二等辺三角形の面積ということになります。**辺の長さを自由に変えられる直角二等辺三角形の面積、つまり、一辺がxの直角二等辺三角形が原始関数**となります。

　すると、**原始関数は $F(x) = \dfrac{1}{2}x^2$** となることがわかります。三角形の面積は、縦の長さと横の長さを掛けたものを半分にすればいいからです。二等辺三角形なので、長さは縦も横もxです。

　原始関数さえわかってしまえば、あとは定数関数の場合と同じように、手順にしたがっていけば定積分の計算ができます。実際に計算してみると、$\dfrac{75}{2}$ という値になります（**右ページ下図**参照）。

　さて、ここまでの定積分の計算では、原始関数を求めるのに、実際の図形を考えて求めてきました。積分の本質を理解する上では大切なことですが、いちいち図形を書いていては面倒です。次項では**原始関数をさっと求める方法**はないか考えてみましょう。

1次関数 y＝x の定積分

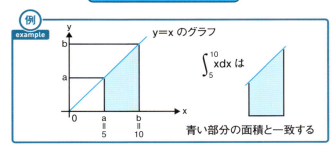

$\int_5^{10} x\,dx$ は

青い部分の面積と一致する

青い部分の面積を図で考えると……

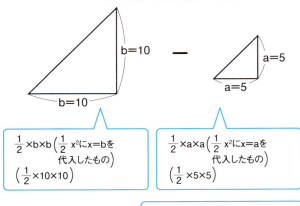

$\frac{1}{2} \times b \times b \left(\frac{1}{2}x^2 \text{に} x=b \text{を代入したもの}\right)$
$\left(\frac{1}{2} \times 10 \times 10\right)$

$\frac{1}{2} \times a \times a \left(\frac{1}{2}x^2 \text{に} x=a \text{を代入したもの}\right)$
$\left(\frac{1}{2} \times 5 \times 5\right)$

原始関数は $f(x) = \frac{1}{2}x^2$ ➡ 一辺の長さが x の直角二等辺三角形の面積らしい

よって $\int_5^{10} x\,dx = \left[\frac{1}{2}x^2\right]_5^{10} = \frac{10 \times 10}{2} - \frac{5 \times 5}{2} = \frac{75}{2}$

青い部分の面積は $\frac{75}{2}$

原始関数を求める公式は $\frac{1}{n+1}x^{n+1}$
積分の意味も忘れずに！

　ここまで、定数関数(0次関数)、1次関数という2つの例を用いて、定積分の計算を実際にしてきました。積分の意味をつかむため、図形の面積を持ち出して原始関数を求めましたが、これだと「計算が難しい」という積分の問題点が残ってしまいます。

　定数関数(0次関数)と1次関数の2つについて、ここまで求めてきた原始関数と、その図形の意味を書き出してみると、<u>右ページの図</u>のようになります。同じように、2次関数以上の関数でも、図形の意味を考えることはできます。

　こうして考えていくと、微分と同じように一般的な公式としてまとめることができます。それは、<u>4-3</u>で微分の公式から逆演算して求めた、x^nの原始関数である、

$$\frac{1}{n+1}x^{n+1}$$

となるのです。

　確かに$\frac{1}{n+1}x^{n+1}$のnに0を代入すれば原始関数はxに、nに1を代入すれば原始関数は$\frac{1}{2}x^2$となって、つじつまが合います。少なくとも定積分の形にさえできれば、あとはこの公式を使って原始関数を求め、それに数字を代入して計算できることになります。

　ただし、公式がわかったからといって、これまで考えてきた積分の意味まで忘れてしまっては困ります。

　何も考えずに公式を適用しても、確かに計算自体はできてしまいます。しかしそれでは、新しい問題に直面したとき、自分で解決できません。

これまでの計算

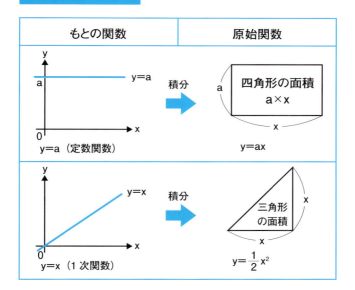

原始関数を求める公式

x^nの原始関数は

$$\frac{1}{n+1}x^{n+1}$$

nが1のときは
$\frac{1}{2}x^2$が原始関数になっている

「不定積分」とは何か?
積分区間を指定しない積分

　ここまで考えてきた定積分は、積分区間が指定された積分計算です。右ページ上図の青い部分の面積を求めるような計算です。

　では、「積分区間の指定されていない積分」というものはあるのでしょうか? 結論からいうと、そのような積分は存在します。

　実際、積分区間を特に指定したくない場面に出くわす場合もあります。例えば、積分した結果を、さらに別の方法で分析したい場合などがそうです。また、「原始関数の性質を知りたい」というときもそうです。このような場合は、結果が数値で出てきたとしても、分析に適さない場合があるのです。

　そこで、「範囲の指定されていない積分」という考え方が登場してきます。このような積分は、範囲が定まっていないことから**不定積分**といいます。

　定積分の場合、この本で取り扱うような関数であれば、例外はあるものの、ほとんどの結果は数値か、その代わりになる記号で出てきます。これまでの計算経過を見れば想像がつくでしょう。しかし、不定積分の場合、**積分した結果は関数で出てくる**のが特徴です。

　計算の手順は、途中までは定積分と同じなのですが、原始関数を求めたあと、定積分は実際に積分区間の両端の値を、原始関数に代入するのに対し、不定積分ではそのようなことをしないのが異なっています。

　なお、不定積分といっても、結局は原始関数を求めることが計算のほとんどを占めるのですが、1つだけ問題があるので、次項で見ていきましょう。

定積分と不定積分の違い

定積分とは?

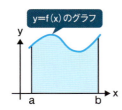

定積分はあらかじめ決まった範囲の積分だった

⬇

しかし、範囲が決まっていない（もしくは、ときに応じて変わる）ときも積分したい

範囲が「決まっていない」から不定積分という

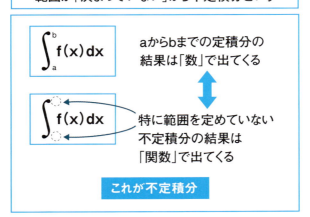

$\int_a^b f(x)dx$ ： aからbまでの定積分の結果は「数」で出てくる

⬍

$\int f(x)dx$ ： 特に範囲を定めていない不定積分の結果は「関数」で出てくる

これが不定積分

4-10 積分定数「C」とは？
定数の違いは「C」でまとめる

　前項では、積分区間を指定しない不定積分という積分計算を見てきました。ただ、不定積分を実際に計算すると、1つ問題が生じます。右ページに、2次関数の例として、x^2の項が入った関数を3つ並べてみました。x^2+1、x^2+2、x^2+3です。これらを微分すると、1や2や3のような数字（定数）の部分は「0」になってしまうため、x^2+1もx^2+2もx^2+3も、微分すればすべて$2x$になるのです。

　これらの関数は、座標の上に置いてある位置は変わるものの、曲線の傾き自体は変わらない（というか、形自体は変化していない）ものの集まりだからです。

　しかし、ここで大きな問題が浮上してきます。積分は微分の正反対の計算ということを思い出してください。つまり、逆に$2x$を積分しようとすると（この場合は不定積分になります）、答えが無数に出てしまうのです。先ほど挙げたx^2の関数の仲間が、すべて答えになってしまうわけです。

　実際にはx^2を基本にして、それに定数分の項がついたものすべてになるのですが（x^2+1は答えになりますが、x^2+xは答えになりません）、それにしても答えが1つにならないのは、数学としては困ったことです。計算する人が好き勝手に答えを選べば、「誰が計算しても答えが同じ」という数学の基本が揺らいでしまうからです。

　そこで、答えが定数分の違いであることに目をつけて、これらの関数のうち、定数分の違いをとりあえず「C」という記号でまとめることにしました。これを積分定数といいます。

積分定数の意味

$y=2x$ の原始関数　　$y=x^2$

⬇

$y=x^2$ を微分すると $y=2x$ となる

しかし、

x^2+1
x^2+2
x^2+3

➡ これらは、微分すると
みんな $2x$ になってしまう。
1 や 2 などの「定数」は、
微分すると「0」になるからだ

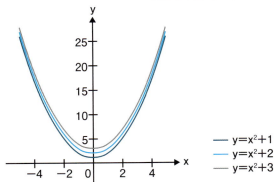

— $y=x^2+1$
— $y=x^2+2$
— $y=x^2+3$

そうすると、

不定積分

x^2+1
x^2+2 ⬅ $2x$

このように、数限りなく答えができてしまう。
違うのは「定数」だけである。

そこで、

「定数の違い」は積分定数「C」という記号でまとめる

微分すると情報の1つを失う
失った情報を補うのが積分定数「C」

　前項のように、不定積分で原始関数を求めるとき、**定数部分の違いが出てしまうのは避けられません**。

　例えば、右ページのようにf(x)の原始関数をF(x)と置いた場合、F(x)＋1もF(x)＋2も、微分するとf(x)になってしまいます。これは、1や2などの定数を微分すると0になってしまうことから起こりますが、微分というものが、関数の傾きを求めるに過ぎない計算であることが原因です。

　微分することで関数の一面を分析できるのと引き換えに、情報を1つ失っているのです。

　そこで、これらの定数の部分をまとめて「C」という記号で表すことで、不定積分の集まりを表します。このCが**積分定数**です。数学の場合、はっきりとわからないものを、記号で置き換えて表すことはよくあります。

　例えば、「dx」も「無限に小さい」という意味で、微分積分に欠かせない記号です。約束事としてあるので、記号として通用し、書けるのです。

　ではここで、不定積分を計算する手順を考えてみましょう。これは、**原始関数に積分定数としてCを足すことで求められます**。ただしこの場合、Cが積分定数であることを、はっきりと断っておかなければなりません。

　ここまで、「原始関数は1つに決まる」と述べてきましたが、大切なのは**原始関数も不定積分の仲間の1つ**ということです。計算する上では気にしなくてもいいのですが、頭の片隅にとどめておきましょう。

「約束事」としての積分定数「C」

> もとの関数f(x)と原始関数F(x)は
> F'(x)=f(x)の関係にある

F(x)+1 　微分→
F(x)+2 　←積分
︙

↓

これをまとめて、
F(x)+C（Cは積分定数）
と書く

> つまり、不定積分の場合の手順は、
> $\int f(x)dx = F(x) + C$ （Cは積分定数）
> となる

**Cのような記号を持ち出す場合、
「記号が何を意味するのか」を
きちんと断るのが数学の「マナー」である**

4-12 なぜ定積分には積分定数「C」が不要なのか
積分定数「C」は相殺されてしまう

ここまでで、定積分と不定積分の違いは理解できたと思いますが、後から出てきた積分定数には混乱したかもしれません。積分定数は、定積分ではまったく出てきませんでした。積分定数は、定積分にはなくてもいいのでしょうか？

結論からいうと、定積分の計算では積分定数——すなわち、定数部分の違いを考える必要はありません。原始関数を1つ考えてしまえば十分です。その理由を説明しましょう。

まずは、右ページの数式を見てください。定積分ですが、原始関数に積分定数Cを入れてあります。この数式を展開していくと、**積分区間の数字を代入して、引くときに、積分定数Cが相殺されてしまう**ことがわかります（この辺が積分の案外アバウトな一面かもしれませんが……）。

数式だとわかりにくいようであれば、実際の図形で考えてみましょう（右ページの図）。

定数関数(0次関数)の積分で、「積分された結果は四角形になり、大きい部分から小さい部分を引くと、求める部分になる」ことを解説しながら定積分を理解してきました。ここに「積分定数を反映させる」ということは、基準となる原点の位置を変えるということになります。右ページの図でいえば、「左にずらす」ということです。

図を見ると、**四角形の面積は大きくなったように見えますが、引くほうの四角形も同じだけ大きくなるので、結局は積分定数を考慮する前と同じなのです**。つまり、この図からも、**定積分には積分定数が必要ない**ということがわかります。

定積分に積分定数が必要ないワケ

$$\int_a^b f(x)\,dx = [F(x)+C]_a^b$$
$$= \{F(b)+C\} - \{F(a)+C\}$$
$$= F(b)-F(a) \underline{+C-C}$$
$$= \underline{F(b)-F(a)}$$

定積分の公式

相殺されてしまう

実際にやってみる

$\int_5^{10} 10\,dx$（幅10cmの四角形）で考える

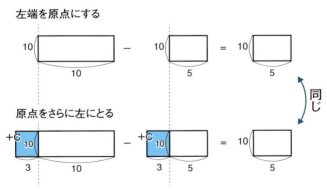

面積を「どこからとるか」を変えたのと同じ。
はみ出した青い部分が「C」の違いに相当する

積分計算を総まとめする
定積分と不定積分の計算の違い

ここまでで、定積分と不定積分の内容がわかりました。これで、積分計算の基礎は、ばっちりできたことになります。ここでいったん、解説してきたことをまとめてみましょう。

まず、積分するには、積分される関数に対して、微分するとこの積分される関数になるような関数を考えました。これを**原始関数**と呼びました。原始関数を求める積分の公式は、微分の公式から求めることができました（**4-3**参照）。

原始関数を求めたら、次は積分の具体的な計算になります。積分には、積分区間が定められた定積分と、積分区間を指定しない不定積分の2種類がありました。

積分区間が定められた**定積分の計算方法**は、原始関数を求めた後、積分区間の右側の数を代入したものから、左側の数を代入したものを引けば、値が算出できました。

計算の意味を図で表せば、**右ページのグラフ**の青い部分の面積を求めることになります。つまり、関数のグラフとx軸、そして、積分区間の両端を示す直線で囲まれた部分の面積に相当します。

積分区間を指定しない不定積分の計算方法は、定積分とは異なり、関数として出てきます。また、定数部分の違いが出てくるので、積分定数として「C」という記号を、「何を意味するのか」をきちんと断った上で付け加えます。

ちなみに、条件が与えられていれば、この積分定数を具体的な数字で表すこともできるのですが、この本では条件づけまでは行いません。以上、ここまでが、積分の計算をする上での基本事項となります。

積分計算をおさらいする

関数：y=f(x) の積分

原始関数

F'(x)=f(x) となる F(x)

公式で求める $f(x)=x^n$ ➡ $F(x)=\dfrac{1}{n+1}x^{n+1}$

定積分

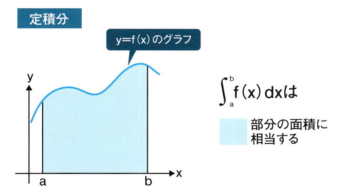

$\int_a^b f(x)\,dx$ は

■ 部分の面積に相当する

原始関数 F(x) を求めた上で、

不定積分

$\int f(x)\,dx = F(x)+C$ （Cは積分定数）

※実際に条件が与えられていれば、
Cの値を具体的に決められる

積分で酒杯の体積を計算してみる
回転体の体積は積分の「得意技」

　積分計算の基礎がわかったところで、積分計算がどういったところで便利に使われるのか、具体例を見てみましょう。

　瀬戸物のような焼き物は、こねられた粘土や土などから、台座が回転する「ろくろ」と呼ばれる作業台の上で形づくられ、釜で焼かれて完成します。その1つである酒杯は、職人の手で形よくつくられており、酒飲みの心をくすぐる逸品ができあがるものです。

　さて、この酒杯、数学的な観点で見てみると、実に興味深いものです。基本的に酒杯の形は滑らかで、極端な段差などはありません。

　また、断面はどの角度から見ても同じ形です。ろくろでぐるぐる回しながらつくるのですから、「当たり前」といえばそうなのですが、数学では、これが結構重要な観点となってくるのです。

　さて、このような酒杯を縦にスパッと切ることができたら、切り口はいったいどうなっているでしょうか？　それを示したのが右ページの図です。この図を見ると、ろくろの中心となっていた部分を軸に左右対称になっており、中心を軸に回転させると、もとの酒杯の形になります。

　このように、何かの図形（この場合は右の断面図になる）の中心を軸に回転させてできた立体を、数学の世界では回転体といいます。この回転体の体積は、積分の計算を使うと割と簡単に求められます。

　さて、この酒杯にお酒をなみなみとつぐと、その体積はどれくらいになるのでしょうか？

回転体とは何か?

ろくろでつくった酒杯の中には、どれだけのお酒が入るだろうか?

酒杯の断面図（縦にスパッと切ったときの状態）

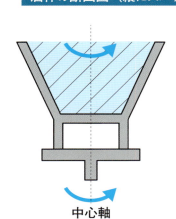

中心軸

中心軸の周りをぐるぐると回転させたような状態になっている

回転体という

回転体の体積は、積分計算で求めやすい

酒杯の形は関数で表せる
関数で表せれば積分できる

　さて、「この酒杯にお酒がどれだけ入るか」を考えるのであれば、まずは酒杯の構造を調べなければなりません。関数で表されるものでなければ、積分といえども計算できないので、まずはそこから調べてみましょう。

　この酒杯ですが、縦のままだと構造がわかりにくいので、横倒しにして考えましょう。右ページの図をご覧ください。お酒が入るのは上の部分だけなので、必要ない部分を省略すると、案外シンプルな形になりました。そう、この酒杯の断面は、斜めに一直線になっていることがわかります。

　さて、このような図しか見ないで関数を想像するのは、なかなか難しいことかもしれませんが、この断面図をよく見ると、この直線は$y=x+1$という1次関数で表されることがわかりました。つまり、この酒杯のxの位置での断面は、$x+1$という半径の円となるわけです。

　科学技術が進歩した現代では、こういった酒杯を自動工作機械でつくることがあります。自動工作機械につくらせれば、同じ品質の酒杯を、一度に大量生産することができるからです（職人の味は失われるかもしれませんが）。

　しかし、自動工作機械は「こういう数式にしたがって、形をつくりなさい」と命令しなければ動いてくれません。微分積分の計算が役に立つのは、まさにこの点です。

　微分積分を使えば、どれだけのお酒が入る酒杯にするかを設計者があらかじめ決めることができ、その数式を自動工作機械に実行させることができるのです。

酒杯の構造を調べると?

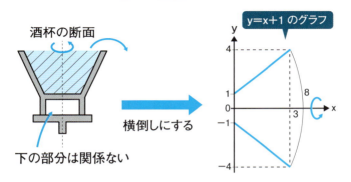

「ろくろを回す」ということを、
数学では「x軸を中心にして回転する」と考える

酒杯の中身の寸法は、f(x)＝x＋1のグラフになっている

つまり、右のグラフで、
xの位置では、f(x)が酒杯の
「半径」になっている

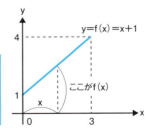

4-16 積分で酒杯の体積を求める
無限に薄い「円盤」を集める

さて、酒杯の断面の関数（y = x + 1）がわかりました。続いて、体積と積分の関係について説明しましょう。

第3章では、積分を面積ととらえて説明してきましたが、「積分される関数は、実はいろいろな意味（体積や進んだ距離など）を持っていることがあり、それによって積分の意味が変わってくる」と説明したことを覚えているでしょうか？

ここでは体積を求めたいので、面積と同じようにx方向に区切って考えてみます。面積の場合は、幅が無限に細い長方形、すなわち直線としてとらえました。これが体積になると、どのように考えたらいいのでしょうか？

体積を考える場合、x方向で区切って考えると、右ページの図のように、厚さが無限に薄い「円盤」のようなものになると考えることができます。

この円盤1枚あたりの体積は、断面積S(x)に、厚さdxを掛けたものです。これを積分区間の間で無限にたくさん集めたものが、求める体積となります。これを積分記号を用いて書くと、体積V $= \int_a^b S(x)\,dx$（右ページ参照）となります。

つまり、体積Vを求めるには、断面積S(x)とxの関係を表す関数を見つけることが肝心で、それが見つかれば、その関数を積分することで体積がわかります。

となると、以降の計算では「いかにして酒杯の断面積の関数を求めるか」が重要になってきます。断面積を表す関数さえ求めることができれば、後は何も考えずに積分計算すればいいことになるからです。

無限に薄い「円盤」を集める

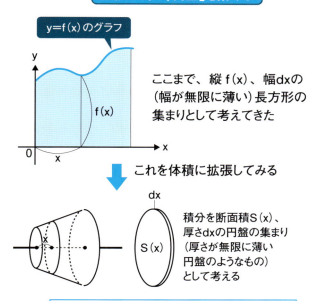

ここまで、縦 $f(x)$、幅 dx の（幅が無限に薄い）長方形の集まりとして考えてきた

これを体積に拡張してみる

積分を断面積 $S(x)$、厚さ dx の円盤の集まり（厚さが無限に薄い円盤のようなもの）として考える

1枚の円盤の体積＝断面積×厚さ
$S(x) \times dx = S(x)dx$

これを、x が a から b の間で「集める」ので、

$$体積\ V = \int_a^b S(x)dx$$

つまり、断面積を表す関数 $S(x)$ を求めればよい

積分の数式を立ててみる
断面積の関数を求める

　ここでは前項までの考え方を使って、さっそく計算を進めていきましょう。まずは、原点からx離れたところ（適当なところ）で酒杯を切ってみます。酒杯はろくろで回転させながらつくってあるので、**断面が円になる**ことはおわかりでしょう。

　円の半径となる関数は、ここまでで求めた酒杯の外形を示す関数（$y = x + 1$）です。これを$f(x)$と置くと、この円の断面積（酒杯のxにおける断面積）は、円の面積の公式「πr^2」（円周率π×半径^2）より、$\pi \times \{f(x)\}^2$ となります。

　円周率πは、円の直径と円周の比を表す定数で、$\sqrt{}$の入った無理数と同じく、具体的に小数や分数で表すことができない数です。このため、円周率は正確な数字が求められないので、一般的にπという記号で表します。

　数字としては約3.14とされることが多く、「だいたいでもいいから具体的な数字がほしい」ときには、最後にこの約3.14を代入します。それで、本当の値との誤差をなるべく少なくするようにしているのです。

　話をもとに戻します。

　厚さが限りなく薄い円盤1枚の体積を求めると「厚さがdxの円盤」ということになるので、体積は、

$\pi \times \{f(x)\}^2 \times dx$

となります。酒杯自体は、xが0から3の間に存在するので、積分区間も0から3の間となります。これにより、

$\int_0^3 \pi \{f(x)\}^2 dx$

という定積分が、この酒杯の体積を示す計算式となります。

積分の数式を立てる手順

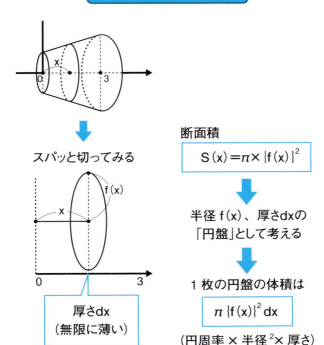

スパッと切ってみる

厚さdx
（無限に薄い）

断面積
$$S(x) = \pi \times \{f(x)\}^2$$

半径 $f(x)$、厚さdxの「円盤」として考える

1枚の円盤の体積は
$$\pi \{f(x)\}^2 dx$$
（円周率 × 半径² × 厚さ）

これを x=0 から x=3 の範囲で無限に集める

つまり $\displaystyle\int_0^3 \pi \{f(x)\}^2 dx$ が求める体積となる

積分計算は1つずつできる
積分の公式にも使える分配法則

　前項で断面積の関数がわかりました。これで積分される関数が出たということになります。後は手順にしたがって、定積分の計算を行うだけです。

　なお、積分計算の基本については一通り説明しましたが、これだけだと実際の計算には、少し心もとないかもしれませんので、極限計算や微分計算でも説明したような積分計算の法則を少し説明しましょう。

　まず、極限や微分の計算でも適用できた分配法則「a×(b + c) = a×b + a×c」「(a + b)×c = a×c + b×c」は、積分の計算にも適用できます。定数倍が入っていれば、積分して出てきた原始関数も定数倍すればよく、多項式の積分ならば、1つずつ積分計算をした後、結果をそのまま足し合わせればいいのです（右ページ参照）。

　さて、酒杯の計算とは直接関係ありませんが、不定積分を求めるときの留意点です。多項式の積分を1つずつ行うとすると、「それぞれに積分定数が必要？」と考えてしまうかもしれません。しかし、定数の部分は、結局、足し合わせても、具体的に数字を指定できるわけではない（定数ではありますが）ので、やはり積分定数のままとなってしまいます。そこで、多項式の不定積分の場合は、代表して1つだけ積分定数を足し合わせればいいことになっています。

　さて、積分される関数は、まだf(x)の形のままでしたが、計算してみると、多項式の積分となります。次項では、いよいよ定積分を計算しましょう。

積分計算も1つずつできる

$$\int_0^3 \pi \{f(x)\}^2 dx \quad \left(= \int_0^3 \pi (x+1)^2 dx \right)$$

を計算すると、

$$\int_0^3 \pi (x^2+2x+1) dx$$

となる

極限や微分計算と同じく、積分も「定数倍」や「1つずつの計算」ができる

すなわち

$$\int (af(x)+bg(x)) dx$$
$$= a \int f(x) dx + b \int g(x) dx$$

1個ずつ積分できる

例 example

$$\int (2x^2+1) dx = 2 \int x^2 dx + \int dx$$

積分の公式を使う

$$= 2 \times \frac{1}{3} x^3 + x + C$$
$$= \frac{2}{3} x^3 + x + C$$

Cは積分定数

積分定数Cは1つにまとめてよい

4 酒杯の体積を計算して求める
まずは式を展開する

　積分の計算法則もわかったので、いよいよ定積分の計算をします。まずは、式を展開してみます。円周率πは定数なので前に出して、後で掛けることにします。すると、3項の多項式、

　$x^2 + 2x + 1$

が出てきました。前述したように、3項を1つ1つ計算すると、原始関数が出てきます（右ページ参照）。ここまでくれば、後は代入した数値を間違えないように計算するだけです。実際に出てきた原始関数に、積分区間の右端であるx = 3を代入したものから、左端であるx = 0を代入したものを引くと（実際には左端の値を代入したものは0になるのですが）、21となり、これに、先ほど除外した円周率のπを掛けると答えが出てきます。

　こうして計算して出てきたのが21πという値です。円周率を3.14として、数字の単位をcmと考えると、この酒杯に入るお酒の量は、約0.066L（リットル）となります。

　さて、下の部分が直径2cmの円形で、飲み口が直径8cmの円錐状の酒杯のサイズからして、この0.066L、つまり100ccを切る量は、酒飲みとしてはいかがな量でしょうか？　あまりくわしい数字を知ってしまうと、酒がまずくなってしまうでしょうか？

　ここまで、「酒杯の体積」という例を使って定積分を計算してきました。積分の計算は、意味はとっつきやすいが、計算はわかりにくく、結果は割とあっけない、ということがおわかりいただけたのではないでしょうか？

実際に積分計算して酒杯の体積を求める

$$\int_0^3 \pi \{f(x)\}^2 dx = \int_0^3 \pi \underline{(x+1)^2} dx$$

$(x+1) \times (x+1)$
$= x^2 + 2x + 1$

$$= \pi \int_0^3 (x^2 + 2x + 1) dx$$

積分は1つずつできるので、

$$= \pi \left[\frac{1}{3}x^3 + x^2 + x \right]_0^3$$

（↑ x^2　↑ $2x$　↑ 1 を積分）

$$= \pi \left\{ \left(\frac{1}{3} \times 3 \times 3 \times 3 + 3 \times 3 + 3 \right) - 0 \right\}$$

$$= \pi (9 + 9 + 3)$$

$$= 21\pi$$

（πを3.14とすると、約65.94）

cm単位なら、だいたい0.066Lのお酒が入る

測度論を構築した「ルベーグ積分」のルベーグ

　書店の微分積分や解析学のコーナーに立ち寄ると、「ルベーグ積分」という文字が入った書籍を何冊か目にするでしょう。フランス生まれのアンリ・ルベーグ（1875〜1941年）は、「長さとは何か」「面積とは何か」について徹底的に考えることにより、「ものを測ることの究極の理論（測度論）」を構築しました。

　それにもとづいてつくられたのが「ルベーグ積分」です。このルベーグ積分は、高校や大学で習う積分（リーマン積分）をある意味で拡張した積分と考えられ、現代数学では欠かせない重要な理論です。

おわりに

　微分積分法の創始者といえば、英国の**アイザック・ニュートン**(1642〜1727年)の名前が、まず挙がるでしょう。実は、ヨーロッパ大陸では、**ゴットフリート・ライプニッツ**(1646〜1716年)もまた、独自のアプローチで発見したため、その優先権をめぐって争いがありました。

　しかし、その後、記号や体系が整うとともに、ニュートン流の微分積分ではなくライプニッツ流の微分積分が主流となり、現在のものになったという経緯があります。

　それはさておき、この「おわりに」を書くにあたり、久しぶりにニュートンの伝記をいくつか読み、あらためて気がついたことが多くありました。そして、ニュートンが数学や物理学など、**多くの分野で新しい発見をした2つの秘密**を見つけたと思いました。

　1つは、少年時代に在籍した学校を、実家の農場を手伝うため、2年間ほど途中で辞めていたことです。この、いわば**空白の期間**に、農作業のかたわら書物を読み、観察を通して頭や手を動かし、いろいろなことを試みたことが、後年のニュートンの基礎をつくったように思います。

　さらに興味深いのは、ニュートンがケンブリッジ大学のトリニティ・カレッジに在学中、ペストが流行し、この災難を避けるため、このときも2年ほど帰郷するのです。この2回目の空白の期間に、彼の三大業績といわれる**微分積分法**、

万有引力の法則、光のスペクトル分析の端緒をとらえたことは有名です。

　これだけの成果をあげたのですから、「空白」というのも妙ですが、大学がペストのために閉鎖になったこともあるので、空白と呼んでもさしつかえないでしょう。

　このように、若いころの2度の、しかも、ともに2年ほどの空白期間こそが、普通では考えられないような業績を次々に成しとげた「ニュートン」という「手品」——いえ「大魔術」のトリックだと思うのです。

　　　　　　　　横浜元町の画廊喫茶にて　今野紀雄

索引

あ
円周率　　　　　　　　　　18、182、183、186

か
解析学　　　　　　　　　　　　　116、118
カヴァリエリの原理　　　　　　　　　146
確率論　　　　　　　　　　　　　　　54
関数記号　　　　　　　16、17、46、82、86
極限計算　44、46〜51、84、86、126、184
近似　　　　　　　　　　　　　　74、78
コーシー=リーマンの条件　　　　　　148

さ
次数　　　　　　　　　　16、100、101
自然数　　　　　　　　　　　　18、19
実数　　　　　　　18、19、24〜27、92、93
自動工作機械　　　　　　　　　　　178
自由落下　　　　　　55、62、64〜66、70
重力加速度　　　　　　　　　62、66、68
数直線　　　　　　　　　10〜12、18、19
増減表　　　　　　55、106〜111、114、115
測度論　　　　　　　　　　　　　　188

た
多項式　　　　　　16、102、103、184、186

直角二等辺三角形　162、163
点対称　　　　　　　　　　　　　26、27
等加速度運動　　　　　　　　　　68、69
取り尽くし法　117、118、120〜124、126、
　　　　　　　128〜130、132、142、144〜146

な
ナイル川　　　　　　　　　　　　　118

は
比例定数　　　　　　　　　29、48、156
不定積分　138、139、149、158、166〜172、
　　　　　　　　　　　　　174、175、184
部分集合　　　　　　　　　　　　　　18
変曲点　　　　　　　　　　　　　36、37
放物線　　　　　　　　　　　22、32〜34

ま
無限小　　　　　　　　42、44、92、93、146
無理数　　　　　　　　　　　　18、19、182

ら
リーマン幾何学　　　　　　　　　　148
リーマン面　　　　　　　　　　　　148
リーマン予想　　　　　　　　　　　148

《 主 な 参 考 文 献 》

アンリ・ルベーグ／著、柴垣和三雄／訳『量の測度』(みすず書房、1976年)
E.T. ベル／著、田中 勇・銀林 浩／訳『数学をつくった人びとⅡ』(東京図書、1962年)
E.T. ベル／著、田中 勇・銀林 浩／訳『数学をつくった人びとⅢ』(東京図書、1963年)
スーチン／著、渡辺正雄・田村保子／訳『ニュートンの生涯』(東京図書、1977年)
高木貞治／著『近世数学史談』(共立出版、1933年)
阿部恒治／著、藤岡文世／絵『マンガ・微積分入門』(講談社、1994年)
エス・イ・ヴァヴィロフ／著、三田博雄／訳『アイザク・ニュートン』(東京図書、1958年)
森 毅／著『魔術から数学へ』(講談社、1991年)

サイエンス・アイ新書
SIS-431

https://sciencei.sbcr.jp/

微分積分 最高の教科書
本質を理解すれば計算もスラスラできる

2019年5月25日　初版第1刷発行

著　者	今野紀雄
発行者	小川　淳
発行所	SBクリエイティブ株式会社 〒106-0032　東京都港区六本木2-4-5 電話：03-5549-1201（営業部）
装　丁	渡辺　縁
組　版	クニメディア株式会社
印刷・製本	株式会社シナノ パブリッシング プレス

乱丁・落丁本が万一ございましたら、小社営業部まで着払いにてご送付ください。送料小社負担にてお取り替えいたします。本書の内容の一部あるいは全部を無断で複写（コピー）することは、かたくお断りいたします。本書の内容に関するご質問等は、小社科学書籍編集部まで必ず書面にてご連絡いただきますようお願いいたします。

©今野紀雄　2019　Printed in Japan　ISBN 978-4-8156-0151-5

SB Creative